모두를 위한
생물학 강의

모두를 위한
생물학 강의

우리를 둘러싼 아름답고 위대한 세계

사라시나 이사오

이진원 옮김

WAKAI DOKUSHA NI OKURU UTSUKUSHII SEIBUTSUGAKU KOUGI 若い読者に贈る美しい生物学講義

by Isao Sarashina 更科功

Copyright © 2019 Isao Sarashina
Korean translation copyright © 2021 by Kachi Publishing Co., Ltd.
All rights reserved.
Original Japanese language edition published by Diamond, Inc. Korean translation rights arranged with Diamond, Inc. through The English Agency (Japan) Ltd., and Danny Hong Agency.

역자 이진원(李進媛)

경희대학교 일어일문학과를 졸업하고 현재 번역 에이전시 엔터스코리아 출판기획 및 일본어 전문 번역가로 활동하고 있다. 주요 역서로는 『생각하는 인간은 기억하지 않는다』, 『뇌 안에 잠든 기억력을 깨워라』, 『여자도 모르는 여성 호르몬의 모든 것』, 『최강왕 위험 생물 대백과』등 다수가 있다.

편집, 교정_김미현(金美炫)

모두를 위한 생물학 강의 : 우리를 둘러싼 아름답고 위대한 세계

저자/사라시나 이사오
역자/이진원
발행처/까치글방
발행인/박후영
주소/서울시 용산구 서빙고로 67, 파크타워 103동 1003호
전화/02-735-8998, 736-7768
팩시밀리/02-723-4591
홈페이지/www.kachibooks.co.kr
전자우편/kachibooks@gmail.com
등록번호/1-528
등록일/1977. 8. 5
초판 1쇄 발행일/2021. 4. 2
값/뒤표지에 쓰여 있음
ISBN 978-89-7291-734-2 03470

차례

들어가며

이탈리아 르네상스 시대에 살았던 레오나르도 다빈치(1452-1519)나 미켈란젤로 부오나로티(1475-1564)는 "만능 천재"로 불리기도 한다. 이 만능 천재라는 말에는 모든 교양과 능력을 갖추고 발휘한다는 기쁨이 담겨 있다. 그것은 아마도 인간의 이상적인 모습 가운데 하나가 아닐까?

르네상스 이후에도 이 호칭에 걸맞은 인물들은 여러 명 출현했다. 그러나 독일의 문호이자 과학자인 요한 볼프강 폰 괴테(1749-1832)를 마지막으로 만능 천재라고 불린 사람은 더 이상 나오지 않았다.

과학계만 보더라도 과거에는 천재적인 재능을 지닌 사람들이 있었다. 영국의 로버트 훅(1635-1703)은 물리학 분야에서 용수철의 탄성에 관한 훅의 법칙을 제창했고, 화학 분야에서는 기체에 관한 보일의 법칙을 세우는 데에 중요한 역할을 했다. 또한 생물학 분야에서도 세포를 발견했으며(실제로는 식물 세포의 내부

레오나르도 다빈치　　　미켈란젤로　　　괴테

만능 천재들

물질이 빠진 세포벽을 본 것 같다), 지구과학 분야에서는 초기 진화론을 제시했다. 그러나 오늘날의 과학은 엄청나게 거대해져서, 한 사람이 모든 분야에 정통하는 것은 불가능해졌다.

그러나 아무리 거대해져도 과학은 하나이다. 물리학, 화학, 생물학, 지구과학 등으로 나누기도 하지만 그것은 어디까지나 편의에 따른 구분일 뿐이다. 과학 자체가 이러저러한 분야로 나뉘어 있지는 않다. 생물학에서 다루는 현상은 물리적 혹은 화학적 구조로 되어 있기 때문에 그 현상을 이해하기 위해서는 지구과학을 이해해야 한다. 각각의 분야가 밀접하게 연결되어 있다고 할까? 원래 나눌 수 없는 하나를 나뉘어 있다고 간주하는 것뿐이다.

물론 실제로 과학을 연구하거나 공부할 때에는 여러 분야로 나누는 것이 편리하다. 과학이 거대해진 오늘날에는 분야별 구분이 필수적일 수도 있다. 그러나 이는 과학의 본질과는 별개의 이야기이다.

이와 같이 "만능 천재"처럼 과학을 폭넓게 연구하고 싶어도 현실적으로 어렵기 때문에, 오늘날에는 많은 과학자들이 서로 협력해서 연구를 하고 있다. 그러다 보니 어쩔 수 없이 과학 전체를 보는 시야를 가지기가 어려워졌다. 그럼에도 조금이나마 넓은 시야를 가지려고 노력하는 자세가 중요할 것이다.

여러분이 보험회사에서 근무하는 직원이라고 가정해보자. 여러분은 보험 상품을 팔기 위해서 다른 보험회사의 상품에 가입한 고객을 설득하여 본인 회사의 보험에 가입시켰다. 이 경우, 여러분은 보험 상품을 팔았기 때문에 축하받아 마땅하다.

　그러나 이것을 보험업계 전체의 관점에서 보면 어떨까? 그 고객은 이미 들어 있는 보험의 회사를 바꾼 것에 지나지 않는다. 보험의 내용이 동일하다면 고객 입장에서는 장점도 단점도 없다. 한편 보험업계 전체에서 보면 보험 건수가 한 건 줄고 한 건 증가한 것뿐이므로 결과적으로는 득도 실도 아니다.

　그런데 고객을 설득하거나 고객이 보험회사를 변경하는 절차를 밟으려면 시간과 수고스러운 과정을 거쳐야 한다. 보험 자체는 늘지 않는데 시간과 노력이 들기 때문에 보험업계 전체로 보면 손실이라고 할 수도 있다. 따라서 다른 회사의 보험에 가입한 고객을 자기 회사의 보험으로 끌어오는 것은 실리가 있는 행위라고는 볼 수 없다.

따라서 이 책은 "생물학을 권유하지는" 않는다. 가령 화학을 전공하려고 마음먹은 학생에게 "뭐야, 화학 따윈 그만둬. 생물학이 훨씬 재미있어"라며 생물학으로 진로를 바꾸게 하려는 책이 아니다. 화학을 전공하느냐 생물학을 전공하느냐는 개인적인 문제이지 내가 간섭할 일이 아니다. 게다가 과학은 하나이기 때문에 무엇을 전공해도 그 가치는 다르지 않다. 과학뿐만 아니라 경제학, 문학 등 과학 이외의 분야를 전공해도 마찬가지이다. 아니, 꼭 연구를 할 필요도 없다. 어떤 일이건 일에는 귀천이 따로 없으므로 그 가치는 동등할 것이기 때문이다. 아니, 꼭 일을 할 필요도 없다. 살아 있는 것만으로도 얼마나 훌륭한가?

나는 불량스러움(이랄까, 불량스럽게 부리는 허세)이 나오는 만화를 좋아한다. 그렇다고 그것을 읽고 "좋아, 나도 내일부터 불량스럽게 행동해야지"라고 생각한 적은 없다. 그럼에도 이런 만화책을 읽는 데에 내 인생에서 얼마간의 시간을 소비했으며, (아마도) 그 자체가 내 인생을 풍부하게 했을 것이다. 꼭 불량해질 목적이 아니라도 불량 만화를 읽을 가치는 있는 것이다.

이 책은 독자들이 생물학에 관심을 가지기를 바라는 마음에서 썼다. 본래 제목에는 "젊은 독자들에게"라고 썼지만 정확하게는 "자신이 젊다고 생각하는 독자들에게"가 맞다. 호기심만 가득하다면 100살이 넘은 사람이라도 이 책을 읽어주기를 바라며 썼다.

간단하게 내용을 소개하자면 다음과 같다. 우선은 생물이란 무엇인지 살펴보겠다(제1장 및 제3-6장). 그 중간에 과학이란 어떤 것인가도 생각해본다(제2장). 생물학도 과학이므로 그 한계를 정확하게 이해하는 것이 중요하기 때문이다. 그후 실제 생물, 예를 들면 우리를 포함한 동물과 식물의 이야기를 소개하겠다(제7-12장). 그다음으로는 진화나 다양성과 같은 생물의 공통된 성질을 설명하고(제13-15장), 마지막으로 암이나 술을 마시면 어떻게 되는지 등 일상과 밀접한 주제에 관해서 이야기하겠다(제16-19장).

여러분 혼자서 이 이야기를 읽는 것은 아니다. 삽화 속의 두 남녀가 이야기를 함께 들어줄 것이다. 이 둘은 때로는 진지하게, 때로는 장난을 치며 이야기의 흐름을 원활하게 해줄 것이므로 여러분도 분명 마지막까지 즐겁게 읽을 수 있을 것이다.

생물학의 세계로——

제1장

레오나르도 다빈치의
살아 있는 지구

"모나리자"를 그린 이유

지구는 생물이 사는 행성이지 생물 그 자체는 아니다. 그러나 옛날부터 많은 사람들은 지구를 생물이라고 생각해왔다. 어쩌면 지구와 생물 사이에는 유사한 점이 많아서일지도 모른다. 그렇다면 어떤 점이 닮았을까?

약 500년 전에 이탈리아에 살았던 레오나르도 다빈치도 지구를 생물(혹은 생물에 한없이 가까운 존재)로 생각했던 사람들 가운데 한 명이다. 그는 시대를 앞선 관찰과 실험이라는 과학적 방법을 실천했다. 그리고 500년 후인 지금까지도 통용되는 수많은 성과를 남겼다(그중 하나는 뒤에서 소개하겠다). 그러나 안타깝게도 그의 과학적 성과는 인류의 과학 발전에 전혀 영향을 주지 못했다.

다빈치의 성과는 수천 장에 달하는 그의 노트(레오나르도 다빈치 노트라고 불린다)에 남아 있다. 그 노트는 오랜 세월 동안 비밀리에 소장되어 공개되지 않다가 19세기에 이르러 조금씩 출판되기 시작했는데, 그나마도 처음에는 일부분만이 산발적으로 출판되어서 그 내용이 바로 세상에 알려지지 못했다.

그러는 동안 인류의 과학은 다빈치의 노트와는 무관하게 발전해갔으며, 이내 다빈치를 뛰어넘었다. 이렇듯 그는 과학자로서는 운이 없었지만 화가로서는 최고의 평가를 받았다. 그중에서도 "모나리자"는 서양회화 최고의 걸작으로까지 손꼽힌다.

다빈치가 "모나리자"를 그린 이유 중의 하나는 지구와 인간이 닮았다는 사실을 보여주기 위해서였다. 그는 "모나리자" 속에 여성과 지구(의 일부)를 그려넣었다. 예를 들면 여자의 곱슬머리 뒤에는 굽이쳐 흐르는 강이 있다. 일부러 이 둘을 대비해서 그렸다는 것은 다빈치가 직접 노트에 남긴 사실이다. 그는 인간과 지구라는 두 종류의 생물을 한 장의 그림 속에 담은 것이다.

지구 내부에 혈관이 있다?

다빈치는 지구를 생물(혹은 생물에 한없이 가까운 존재)이라고 생각했다. 그러나 그가 특별히 괴짜였던 것은 아니다. 당시 사람들 사이에서는 지구가 생물이라는 생각이 널리 퍼져 있었고, 다빈치 역시 그런 세간의 관념에 물들었던 것일지도 모른다.

그렇다고 그가 세상의 관념에 휩쓸리기만 한 것은 아니었다. 그는 지구가 생물이라는 말을 남에게 들은 것만으로는 납득하지 못했다. 스스로 증거를 찾아서 이해하고자 했던 다빈치는 이에 따라서 지구가 생물이라는 증거를 찾기 시작했다.

여기에서 가장 친근한 생물인 우리 인간에 대해서 생각해보자. 인간은 머리에 상처가 나면 피가 난다. 생각해보면 이것은 불가사의한 일이다. 혈액은 액체이고, 액체는 위에서 아래로 흐른다. 상식적으로 생각하면 혈액은 모두 다리 쪽으로 흘러야만 한다. 따라서 머리에서 피가 난다는 것은 혈액이 아래에서 위로 역류하고 있음을 뜻한다. 즉 혈액이 몸속을 순환하고 있는 것이다. 다빈치는 인간이 살아가기 위해서는 이처럼 혈액이 몸을 순환하는 것, 특히 아래에서 위로 역류하는 것이 중요하다고 생각했다. 따라서 만일 지구가 생물이라면, 어디에선가 동일한 일이 일어나고 있을 것이라고 생각했다.

지구에서 인간의 혈액에 해당하는 물질이 있다면 아마 물일 것이다. 지구 내부, 즉 지하에는 혈관과 유사한 것이 있고 그 속을 물이 지나고 있지 않을까? 가령 산속에는 혈관이 있고 그 속에서 물이 역류하여 산꼭대기에서 뿜어져 나온다. 그것이 강이 되어서 산의 표면을 흘러내리는 것은 아닐까? 그는 이렇게 생각했다(그 밖에도 구름에서 내리는 눈[雪] 등을 강의 수원으로 생각했다).

다빈치의 바람은 두 가지였다. 하나는 증거를 찾는 것이고 다른 하나는 원리를 밝히는 것이었다. 그러나 안타깝게도 그의 바람은 둘 다 이루어지지 못했다. 땅속에서 혈관을 발견하지도 못했고, 물을 역류시켜서 산꼭대기에서 뿜어내는 원리도 알아내지 못했다.

그래도 그는 포기하지 않았다. 인간의 혈액에 해당하는 것이 지구의 물이라면 뼈에 해당하는 것은 암석일 것이다. 그래서 그는 다음으로 암석에 관해서 고찰하기 시작했다.

당시 사람들은 인간과 지구 모두가 네 가지의 원소로 이루어져 있다고 생각했다. 무거운 것부터 차례대로 늘어놓으면 암석(혹은 암석이 쪼개진 흙)과 물, 공기와 불이다. 인간은 이들 원소를 순환시키며 생명을 유지하고 있다. 지구도 생물이라면 이들 원소를 순환시키고 있을 것이다. 특히 암석은 물보다 무겁기 때문에 암석이 융기한다는 것을 밝히면 지구가 생물이라는 증거가 될 것이다. 암석이 융기한다면 그보다 가벼운 물이 역류하는 것은 전혀 이상하지 않기 때문이다. 그는 아마도 이렇게 생각하고 암석이 융기하는 증거와 원리를 찾기 시작한 것 같다. 그리고 물과는 달리, 이번에는 그의 생각이 적중했다.

노아 시대의 대홍수가 원인?

바다에 살던 조개의 화석이 수천 미터나 되는 높은 산에서 발견된다는 사실은 당시에도 알려져 있었다. 이 현상에 대한 가장 유력한 설명은 노아 시대의 대홍수가 그 원인이라는 것이었다.

노아 시대에 40일간 계속된 대홍수는 지상의 생물을 완전히 멸종시켰다고 한다. 이처럼 온 세상을 뒤덮을 정도로 큰 홍수가 났

신이 인류에게 화가 나서 일으켰다는 홍수 말이야. 구약 성서에 나오잖아.

노아 시대의 대홍수?

다면 그 거센 물살 때문에 산 위까지 조개가 떠밀려갔다고 해도 이상하지 않다.

그러나 다빈치는 몇몇 증거를 들어 노아 시대의 대홍수설을 부정했다. 그중 가장 뚜렷한 증거는 쌍각류 조개에 관한 것이었다.

쌍각류 조개는 껍데기가 2개인데, 그 둘은 질긴띠로 연결되어 있다. 조개껍데기는 탄산칼슘으로 구성되어 단단하지만 질긴띠는 유기물이기 때문에 한없이 약하다. 쌍각류가 죽으면 2개의 껍데기가 떨어져 나가는 것은 시간문제이다. 게다가 물살에 떠내려가기라도 하면 2개의 껍데기는 분명 이리저리로 흩어질 것이다. 그렇게 되면 2개의 껍데기가 화석이 되어 함께 발견되는 것은 거의 기대할 수 없다.

그렇다면 반대로 2개의 조개껍데기가 연결된 상태의 화석이 발견되었다면 이를 어떻게 해석하면 좋을까? 이 경우는 조개가 살던 장소에서 그대로 묻혔기 때문이라고 볼 수 있다.

만약 화석 주변의 지층을 통해서 예전의 환경을 추정할 수 있다면 이는 곧 쌍각류가 살았던 환경일 것이다. 살았던 환경을 아는 것은 곧 쌍각류 조개가 어떻게 살았는지를 아는 것으로 이어지기 때문에, 생물학적 관점에서는 중요하다.

조개껍데기 2개가 연결되어 있는 화석은 그 조개가 살았던 자리에서 화석이 된 것이다. 이는 오늘날에도 화석 연구에 사용되는 이론이다. 다빈치는 500년도 더 전에 이 방법을 생각했으며, 노아 시대의 대홍수설을 반박하는 증거의 하나로 이용했다.

노아 시대의 대홍수는 역사상 보기 드문 대규모 홍수였다고 하는데, 그런 엄청난 홍수로 쌍각류 조개가 떠밀려갔다면 2개의 껍데기가 붙어 있을 리 없다. 그러나 실제로 산 위에서 발견된 쌍각류 조개의 화석 중에는 2개의 껍데기가 붙어 있는 것도 있다. 따라서 이들 화석은 노아 시대의 대홍수 때문에 산 위까지 떠밀려온 것이 아니라, 화석이 발견된 장소에서 원래부터 살았던 것으로 볼 수 있다. 즉 바다가 산이 된 것이다.

이것이 다빈치의 결론이었다. 바다의 밑바닥이 솟아올라 산이 된 것, 즉 암석이 융기한 것이다.

다빈치의 바람은 두 가지였다. 하나는 증거를 찾는 것이고 다른 하나는 원리를 밝히는 것이었다. 물에 대해서는 두 가지 바람 모두 이루지 못했지만 암석에 대해서는 그중 하나를 이루었다. 암석이 융기했다는 증거를 발견한 것이다.

암석이 융기하는 원리

그렇다면 다빈치의 두 가지 바람 가운데 나머지 하나, 암석이 융기하는 원리는 발견했을까? 사실 이에 관해서는 연구자에 따라서 조금씩 견해가 다르다. 이 책에서는 미국의 고생물학자 스티븐 제이 굴드(1941-2002)의 견해를 채택하겠다. 굴드의 견해에 따르면 다빈치는 다음과 같이 암석이 융기하는 원리를 생각했다고 한다.

지구의 내부는 암석으로 되어 있으며 그 틈으로 물이 흐른다. 물에 의해서 암석이 조금씩 깎이기 때문에 지구 내부에는 공동(空洞)이 생기고 그 공동은 조금씩 커져간다.

북반구에 커다란 공동이 있다고 가정해보자. 이때 이 공동의 천정이 무너져 내리면 암석이 북쪽에서 남쪽으로 조금 이동하게 된다. 그렇게 되면 북반구가 조금 가벼워지므로, 균형을 맞추기 위해서 지구 북쪽에서는 땅이 높이 솟아올라 산이 만들어진다. 몸무게가 다른 두 사람이 시소를 탈 때에 균형을 맞추기 위해서 무거운 사람이 중심 지점과 가까운 곳에, 가벼운 사람이 중심 지점과 먼 곳에 타야 하는 것과 같은 원리이다(굴드는 지적하지 않았지만, 다빈치는 강물에 의한 흙의 이동도 지구의 무게가 균형을 잃는 원인으로 보았다).

이것이 다빈치가 생각한 원리였을 것이다. 그러나 잘 생각해보

스티븐 제이 굴드

면 이것만으로는 땅이 높이 솟아오르는 구체적인 원리를 설명할 수가 없다. 이는 왜 땅이 솟아오를 수밖에 없는가 하는 이유를 설명하고 있을 뿐이다. 어쩌면 500년 전에는 이 정도가 한계였을지도 모른다. 그래도 지구가 생물이라는 생각을 500년 전에 관찰이나 사고실험을 통해서 검증하고자 했으니 역시 다빈치는 시대를 초월한 인물임이 분명하다.

왜 지구를 생물이라고 생각했을까

그런데 더 근본적인 문제로, 애초에 다빈치는 왜 지구를 생물(혹은 생물에 한없이 가까운 존재)이라고 생각했을까? 이는 지구의 물이나 암석을 조사하기 전에 지구가 생물이라고 가정한 셈인데, 그 이유는 무엇일까?

다빈치는 생물(구체적으로는 인간)과 지구가 많이 닮았다고 보았다. 생물의 혈액과 뼈가 지구의 물과 암석에 해당된다는 것은 앞에서도 언급했다. 그밖에도 생물의 허파는 호흡으로 팽창하거나 수축하는데, 다빈치는 지구의 바다도 호흡으로 팽창하거나 수

축한다고 생각했다. 조수 간만의 차가 이것이다. 또한 생물의 피부 속에 골격이 있듯이 지구의 대지 속에는 산맥이 있다.

한편 생물에게는 있지만 지구에는 없는 것이 있다. 바로 신경이다. 신경은 운동하기 위해서 존재하는데 지구는 운동을 하지 않기 때문에 신경이 필요하지 않다. 이 점만 제외하면 지구는 생물과 매우 흡사하다. 이것이 다빈치가 바라본 지구의 이미지였다.

다빈치는 지구와 인간 사이의 차이점으로 신경의 유무를 지적했지만, 그것을 중요한 요소로 생각하지는 않았다. 분명 식물처럼 생물 중에도 신경이 없는 종도 있다. 그러므로 지구에 신경이 없는 것은 인간과 유사하지 않은 것일 뿐, 생물과 유사하지 않은 것은 아니다. 이에 따라서 이 부분을 그다지 중요한 것으로 보지 않았는지도 모르겠다.

그런데 지구가 생물과 다른 점은 또 있다. 가령 지구는 자손을 남기지 않는다. 오늘날 많은 생물학자들이 종족 번식을 생물의 중요한 특징으로 꼽는다. 따라서 오늘날이라면 지구가 자손을 남기지 않는 점을 들어서 생물이 아니라고 결론지을 수 있다.

그러나 500년 전의 다빈치는 자손을 남기는 것이 생물에게 중요한 일이라고 생각하지 않았다. 다시 말해서, "생물이란 무엇인가?"라는 물음에는 여러 가지 이견이 있을 수 있다. 생물을 정의하는 것은 의외로 어려운 일인 것이다. 그러나 이 어려움에 빠지면 앞으로 나아갈 수 없기 때문에 다음 장, 아니, 다음다음 장부터는 생물이란 무엇인가에 대해서 생각해보기로 하겠다.

그렇다. 생물학 이야기는 다음다음 장부터 시작하고 그 전에 다음 장에서는 생물학에서도 중요한 부분인 과학 이야기를 하려고 한다.

현대의 지식으로
다빈치의 주장을 부정하기는
간단하지만…

생물?

500년 전에 그 수준까지
생각할 수 있었다는 건 정말 놀랍다.

제2장

오징어의 다리는
10개일까?

과학은 큰 강줄기처럼

생물학은 생물과 관련된 사실을 과학적으로 조사하는 것이다. 여기에서 "과학적"이라는 말을 썼는데, 이 말에는 "객관적이고 흔들림 없는" 혹은 "답은 오직 하나"라는 인상이 따라다닌다.

그러나 과학에서는 결코 100퍼센트 올바른 결과를 얻을 수 없다. 과학은 큰 강줄기처럼 오른쪽 혹은 왼쪽으로 굽이치며 이 세상의 진리(라는 것이 있다면)에 느긋하게 접근한다. 그러면서도 진리에는 절대 도달하지 못한다. 그것이 과학이다.

그런데 결코 진리에 도달할 수 없다면 과학 따위를 공부할 의미가 없지 않을까? 물론 이런 생각을 할 수도 있다. 그러나 일단 나는 그렇게 생각하지 않는다.

자동차를 운전해서 출근을 한다고 가정해보자. 여러분은 교통 신호가 빨간불로 바뀌면 차를 멈춘다. 그리고 신호가 다시 파란불로 바뀌면 좌우를 확인하고 앞으로 나아간다. 그런데 왜 이런 행동을 할까? 교통 신호를 지킨다고 100퍼센트 안전하지는 않다. 아무리 교통 법규를 완벽하게 지켜도 100퍼센트 안전할 수는 없다. 그렇다면 교통 법규를 지킬 의미 따위 없지 않을까?

그럼에도 여러분이 교통 신호를 무시하는 일은 없을 것이다. 교통 법규를 지키면 100퍼센트까지는 아니더라도 상당 부분 안전이 담보되기 때문이다. 세상에 완전히 0이거나 100인 상태는 존재하지 않는다. 0에서 100 사이에는 수많은 것들이 존재한다.

이처럼 교통 신호를 지키는 데에 의미가 있다면 과학에도 의미가 있을 것이다. 완벽한 진실은 아니더라도 과학의 결과는 꽤 옳기 때문이다. 그리고 역사를 돌아보면 알 수 있듯이, 과학은 그 나름대로의 성공을 거두어왔다.

그런데 어째서 과학은 100퍼센트 올바른 결과를 얻을 수 없을까? 무엇인가 결함이 있는 것일까? 생물학도 과학이므로 우선 이에 대해서 생각해보자.

100퍼센트 올바른 연역

과학에서는 추론 과정이 매우 중요하다. 추론이란 다음 예와 같이 근거와 결론이 있는 주장이 이어지는 것이다(생물학에서는 보통 오징어의 다리를 팔이라고 부르지만, 여기에서는 다리라고 하자).

(근거) 오징어는 다리가 10개이다.
(근거) 갑오징어는 오징어이다.
(결론) 따라서 갑오징어의 다리는 10개이다.

자, 이런 추론에는 연역과 추측이라는 두 가지 종류가 있다. 연역으로는 100퍼센트 옳은 결론을 얻을 수 있지만, 추측으로는 100퍼센트 옳은 결론은 얻을 수 없다. 과학에서는 추측이 중요하지만, 지금은 먼저 연역부터 살펴보자.

사실 앞의 세 가지 주장을 통해서 성립되는 추론은 연역이라고 부르는 방법이다. 그리고 이 연역은 100퍼센트 옳다. 2개의 근거가 성립되면 반드시 결론을 이끌어낼 수 있기 때문이다. 이렇게 연역을 하면 과학에서도 100퍼센트 옳은 결과를 얻을 수 있을 것 같다. 그러나 유감스럽게도 그렇지가 않다.

그 이유는, 과학은 새로운 정보를 구하고자 하는 행위인데 연역으로는 새로운 정보를 얻을 수 없기 때문이다. 연역을 해도 정보는 증가하지 않는다. "근거가 성립되면 반드시 결론이 도출된다"는 것은 "결론(의 정보)이 근거(의 정보) 속에 포함되어 있다"는 것이기도 하다. 따라서 아무리 연역을 반복해도 지식의 범위는 넓어지지 않는다.

과학 이야기로 옮겨가기 전에 간단히 "역(逆), 이(裏), 대우(對偶)"에 관해서 설명하겠다. 가령 앞에서 연역의 첫 주장은 "오징어는 다리가 10개이다"였다.

이 주장의 "역"은 "다리가 10개라면 오징어이다"이다. 덧붙이자면 새우도 다리가 10개이므로 이 주장은 옳지 않다. "이"는 "오징어가 아니면 다리가 10개가 아니다"이다. 이 주장도 새우의 다

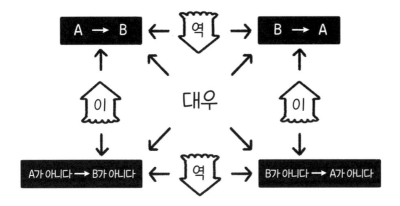

그림 2-1 "A라면 B(A→B)"라는 주장의 역, 이, 대우

리가 10개이므로 옳지 않다. "대우"는 "다리가 10개가 아니면 오
징어가 아니다"가 된다. 이 주장은 옳다.

이 "역, 이, 대우"는 위의 그림 2-1과 같이 정리할 수 있다. 원래
의 주장이 옳아도 역이나 이 역시 옳다고는 할 수 없다. 그러나 대
우는 반드시 옳다.

100퍼센트 정확하지는 않은 과학

연역이 옳다면 결론은 100퍼센트 옳다. 그러나 결론이 근거 속에
포함되어 있기 때문에 아무리 연역을 반복해도 지식은 확장되지
않는다. 한편 추측에서는 결론이 100퍼센트 옳다고 할 수는 없어

도 결론이 근거 속에 포함되어 있지 않으므로 지식의 범위가 확장된다.

"연못에 빠졌다"는 근거로부터 (옷을 입고 있었으니) "옷이 젖었다"라는 결론을 내리는 것이 연역이다. 연못에 빠지면 반드시 옷이 젖기 때문이다. 다시 말해서 "연못에 빠졌다"는 것을 알자마자 "옷이 젖었다"는 사실도 동시에 알게 되는 것이다. 따라서 일부러 연역을 해서 "옷이 젖었다"라는 결론을 도출하는 순간, 주변에서는 연못에 빠졌으니 젖는 것은 당연한 일이 아닌가 하고 반응한다. 즉, 연역을 해도 지식은 확장되지 않는다.

반면 "옷이 젖었다"는 근거로부터 "연못에 빠졌다"는 결론을 내리는 것은 추측이다. 옷이 젖었다고 해서 꼭 연못에 빠졌다고 단정할 수는 없기 때문이다. 비가 내렸을 수도 있고 호스에서 물이 튀었을 수도 있다. 따라서 추측을 해서 "연못에 빠졌다"라는 결론을 내리면 주변에서는 "네? 그래요? 그건 생각도 못 했어요"라고 할 것이다. 추측을 하면 지식은 확장된다.

과학에서는 어떠한 형태로든 반드시 추측을 사용한다. 그리고 많은 경우에 추측으로 가설을 세운다. 그후 이 가설을 관찰과 실험으로 검증한다. 관찰과 실험의 결과에 따라서 가설이 힘을 얻으면 가설은 보다 좋은 가설이 된다. 따라서 많은 관찰과 실험의 결과로 계속해서 지지를 받은 가설은 매우 좋은 가설이며, 이와 같은 가설은 이론이나 법칙으로 불리게 된다. 그러나 아무리 좋은 이론이나 법칙이라도 100퍼센트 옳을 수는 없다. 그 이유는 무엇일까?

과학의 순서에는 여러 가지가 있지만, 지금까지 설명했듯이 다음의 두 단계를 밟는 경우가 많다.

⑴ 가설 형성
⑵ 가설 검증

우선 ⑴의 가설 형성을 갑오징어를 예로 들어서 생각해보자(그림 2-2). 갑오징어는 거북의 등 껍데기와 조금 유사한 외피를 지니고 있는 오징어로, 척추동물을 제외하고는 가장 지능이 높은 동물일 가능성이 크다.

자, 여러분은 "오징어는 바다에 살며 다리가 10개"라는 사실을 (암묵적인 전제로) 알고 있다. 게다가 여러분은 "갑오징어가 바다에서 산다"는 것을 관찰했다. 따라서 "갑오징어는 바다에서 산다"는 증거로부터 "갑오징어는 오징어이다"라는 가설을 세웠다고 하자.

| 증거 | (갑오징어는 바다에서 산다)

↓ 가설 형성

| 가설 | (갑오징어는 오징어이다)

그림 2-2 갑오징어

앞의 가설을 살펴보면, 이는 증거를 잘 설명할 수 있도록 세워진 가설이라고 볼 수 있다. "갑오징어는 오징어이다"라는 가설은 (암묵적인 전제로 오징어는 바다에서 살기 때문에) "갑오징어는 바다에서 산다"는 증거를 잘 설명할 수 있다.

여기에서 설명이라는 말을 썼는데, "설명한다"는 것은 무슨 의미일까? "갑오징어는 오징어이다"라는 가설이 "갑오징어는 바다에서 산다"라는 증거를 설명한다는 것은, 만약 "갑오징어는 오징어이다"가 옳다면 "갑오징어는 바다에서 산다"도 100퍼센트 옳다는 뜻이다. 다시 말해서 "설명한다"는 것은 곧 "연역한다"는 의미이다.

$\boxed{\text{증거}}$ (갑오징어는 바다에서 산다)

가설 형성 ↓ ↑ 설명(＝연역)

$\boxed{\text{가설}}$ (갑오징어는 오징어이다)

이로써 (1)의 "가설 형성" 순서는 끝이다. 다음은 (2)의 "가설 검증"을 살펴보자.

가설을 검증하려면 가설에서 새로운 사항을 예측해야 한다. 증거로 사용한 사항과는 별개의 사항을 가설로부터 예측해서 그것이 사실인지 사실이 아닌지를 확인하는 것이다. 이것이 검증이다. 물론 새로운 사항은 가설을 통해서 잘 설명될 수 있는 것이어야 한다. 다시 말해서 새로운 사항은 가설로부터 연역되는 것이어야만 한다.

가령 (암묵적인 전제로서) 오징어의 다리는 10개이므로, "갑오징어는 오징어이다"라는 가설에서는 "갑오징어의 다리는 10개이다"라는 새로운 사항을 예측할 수 있다.

$\boxed{\text{증거}}$ (갑오징어는 바다에서 산다)

가설 형성 ↓ ↑ 설명(＝연역)

$\boxed{\text{가설}}$ (갑오징어는 오징어이다)

↓ 예측(＝연역)

$\boxed{\text{새로운 사항}}$ (갑오징어의 다리는 10개이다)

새로운 사항을 예측했다면 다음은 그것이 사실인지의 여부를 확인해야 한다. 관찰이나 실험으로 새로운 사항이 사실인지 사실이 아닌지를 확인하는 것이다.

여러분은 실제로 갑오징어를 관찰하고 "갑오징어의 다리는 10개"라는 사실을 확인했다. 다시 말해서 새로운 사항이 사실임을 확인했으므로 가설은 실증되었다. 이로써 이 가설은 보다 좋은 가설이 되었다.

증거 (갑오징어는 바다에서 산다)
가설 형성 ↓ ↑ 설명(=연역)
가설 (갑오징어는 오징어이다)
검증 ↑ ↓ 예측(=연역)
새로운 사항 (갑오징어의 다리는 10개이다)

자, 지금까지 과학의 전형적인 순서를 설명했다. 이는 과학이 어떻게 해도 100퍼센트 진실에 도달하지 못하는 이유를 설명하기 위해서였다. 그 이유를 앞의 도식을 보면서 생각해보자.

과학적 설명이 옳다는 것은 요컨대 가설이 옳다는 것을 뜻한다. 앞의 도식에서 가설을 향하는 화살표는 가설 형성과 검증이다. 가설을 지탱하고 있는 것, 다시 말해서 가설이 옳음을 보증하는 것은 가설 형성과 검증이다.

그러나 가설 형성도 검증도 화살표가 가리키는 논리의 방향이 연역의 방향과는 반대로 되어 있다. 다시 말해서 연역의 "역(逆)"이 되어 있다. 그리고 앞에서 언급한 바와 같이 어떤 주장이 옳다고 해도 그 역이 반드시 옳은 것은 아니다.

과학에서는 가설에 의한 설명과 예측을 연역해야만 하므로 가설의 옳음을 보증하는 가설 형성이나 검증은 아무래도 연역의 역이 된다. 따라서 어떻게 해도 가설에 대해서 100퍼센트 옳음을 보증할 수는 없다.

새로운 사항을 알기 위해서는 100퍼센트의 옳음은 포기해야만 한다. 이것은 어쩔 수 없는 일이다. 그러나 이처럼 진리에 도달할 수 없더라도 조금이나마 그것에 다가가기 위해서 우리는 지식의 범위를 넓혀왔다. 앞으로 다룰 생물학도 그런 과학의 일부임을 항상 머릿속에 넣어두도록 하자.

하나, 두울…
정확하게 10개인가?

그렇다고

제3장

생물을 감싸고 있는 것

생물이란 무엇일까

내가 어렸을 때에는 전화기라고는 다이얼식 전화기밖에 없었다. 앞에 달린 회전판 구멍에 손가락을 넣고 돌리는 형태의 전화기였다. 이 전화기는 전화 회선이라는 코드와 연결되어 있기 때문에 가지고 다닐 수가 없었다. 누군가 그 시절의 어린 나에게 전화기가 무엇이냐고 묻는다면 나는 뭐라고 대답했을까? 아마도 "멀리 있는 사람과 이야기할 수 있는, 가지고 다니지는 못하는 기계"라고 답했을 것이다.

그러나 지금의 어린아이에게 "전화기란 무엇인가요?" 하고 물어보면 아이는 "멀리 있는 사람과 이야기할 수 있는, 가지고 다니지는 못하는 기계"라고는 대답하지 않을 것이다. 지금은 들고 다닐 수 없는 전화기보다 들고 다닐 수 있는 전화기가 더 많기 때문이다.

유선 전화만 아는 사람과 유선 전화뿐 아니라 휴대전화나 스마트폰도 아는 사람은 "전화기란 무엇인가?"라는 질문에 다른 답을 할 것이다. 지식이 넓어짐에 따라서 전화기의 정의가 변하는 것이다.

생물이란 무엇인가? 이 물음에 답하기는 쉽지 않다. 오늘날 우리가 알고 있는 생물이란 지구에 존재하는 것들만을 가리키기 때문이다.

미래의 어느 날 지구 바깥의 생명이 발견될지도 모른다. 그러면 우리의 지식은 넓어지고 "생물이란 무엇인가?"에 대한 답이 달라질 것이다. 그날을 기쁜 마음으로 기다리며 이 책에서는 현재의 지식을 동원해서 "생물이란 무엇인가?"를 생각해보겠다. 그리고 중요한 한 가지, 우리의 지식이 불완전하다는 것을 항상 마음 한 구석에 담아두고 잊지 말도록 하자.

그렇다면 현재의 지식으로 보았을 때에 생물이란 무엇일까? 대부분의 생물학자들이 인정하는 생물의 정의는 다음의 세 가지 조건을 충족하는 것이다.

(1) 막으로 외부와 분리되어 있다.
(2) 대사(물질이나 에너지의 흐름) 활동을 한다.
(3) 자신의 복제를 만든다.

의외로 정의가 간단하다. 이것만으로 생물을 정의할 수 있다니 다소 의아하겠지만, 아직까지 이 세 가지 조건을 모두 충족시키는 존재는 생물밖에 없다.

어떤 막으로 분리하면 좋을까

생물을 정의하는 세 가지 조건 중에서 첫 번째 조건은 막으로 외부와 분리되어 있다는 것이다.

모든 생물은 세포로 이루어져 있다. 그리고 모든 세포는 세포막으로 싸여 있다. 그러니까 (1)의 "막"은 구체적으로 세포막이라고 생각하면 좋을 것이다.

덧붙여서 우리의 세포는 세포막 외에 핵을 감싸는 핵막(nuclear envelope)과 골지체(Golgi body) 막, 미토콘드리아 막 등 여러 가지 막을 가지고 있다. 소포체(endoplasmic reticulum)는 핵막과 연결된 막으로, 그 일부에는 리보솜(ribosome)이 붙어 있다. 이러한 막의 구조도 기본적으로는 모두 동일하다. 그래서 세포막을 포함한 이 막들을 생체막이라고 부른다(그림 3-1).

그런데 생물은 어째서 외부와 분리되어야 할까?

(2)처럼 대사 활동을 하거나 (3)처럼 복제를 만들기 위해서는 여러 가지의 화학반응이 필요하다. 그리고 내부를 막으로 분리하면 반응 물질의 농도를 높일 수 있기 때문에 효율적으로 다양한 화학반응을 일으킬 수 있다. 따라서 대사 활동이나 복제를 위해서는 막으로 분리된 내부가 이상적인 환경이다.

그렇다면 실제로 어떤 막으로 분리해야 좋은지 생각해보자.

생물은 물속에서 태어난 것으로 추정된다. 여기에는 몇 가지 이

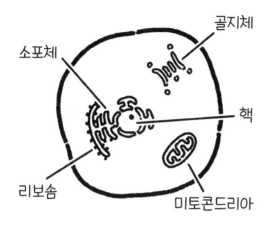

그림 3-1 우리의 세포에는 생체막이 있다

유가 있지만, 그중 하나는 물속이 화학반응을 일으키기 쉽다는 것이다. 오징어를 건조하면 잘 썩지 않게 된다. 수분이 감소해서 부패 화학반응이 진행되지 않기 때문이다. 따라서 체내에 수분이 많고, 화학반응 덩어리라고 할 수 있는 생물은 물속에서 태어났다고 볼 수 있다.

　물속에서 분리가 가능한 분리막을 만들려면 물에 녹지 않는 성분으로 만들어야 한다. 물에 녹지 않는 것으로는 지방이 있다(보통 액체인 것을 기름, 고체인 것을 지방이라고 한다). 그러나 지방은 물과 만나면 물 바깥으로 튕긴다. 그런데 생물은 화학반응이 잘 일어나는 물속에 있고 싶어한다. 그러면 어떻게 해야 할까?

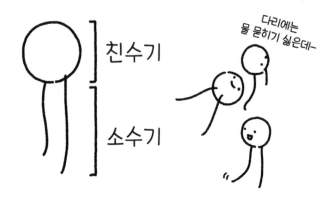

그림 3-2 인지질

방법은 있다. 소수성(hydrophobicity : 물을 밀어내는 성질) 지방으로 분리막을 만들고, 그 양쪽을 친수성(hydrophilicity : 물에 잘 녹는 성질) 물질로 막을 입히면 된다. 이렇게 하면 소수성을 띠는 부분이 분리막 역할을 하는 한편 분리막의 표면은 친수성이므로 물속에 있을 수 있다.

이에 안성맞춤인 물질이 양친매성 분자(amphiphilic molecule)이다. 양친매성 분자란 하나의 분자 속에 친수성을 띠는 부분(친수기)과 소수성을 띠는 부분(소수기)을 모두 가지고 있는 분자를 가리킨다. 실제로 생체막에 사용되는 양친매성 분자인 인지질은 다리가 2개인 문어의 형태를 띠고 있다(그림 3-2). 문어의 머리가

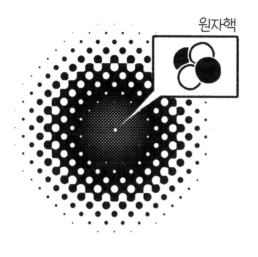

그림 3-3 원자의 구조

친수기이며, 다리가 소수기인 것이다(여기서 기[基]란 원자가 여러 개 결합한 것으로, 분자의 일부이다).

그런데 이 세상에 있는 물질은 작은 원자로 구성되며, 원자는 양(+)전하를 띠는 원자핵과 음(-)전하를 띠는 전자로 이루어져 있다. 원자의 중심에 있는 원자핵에는 양전하를 띠는 양성자와 전하를 띠지 않는 여러 개의 중성자 입자들이 모여 있다. 그리고 전자는 (형태가 정해진 입자라기보다는) 원자핵 주변에 희미하게 퍼져 있는 구름과 같다(그림 3-3). 따라서 이를 전자구름이라고 부르기도 한다. 분자는 원자가 여러 개 결합한 것인데, 같은 이미지라고 생각해도 된다. 몇 개의 원자핵을 전자구름이 감싸고 있

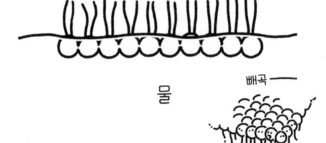

그림 3-4 물속에서 모인 인지질

는 이미지이다. 이 전자구름은 늘 둥실둥실 떠 있다.

많은 원자나 분자에서는 원자핵의 양전하(물체가 가지는 전기량)와 전자의 음전하가 동일하므로 전하가 상쇄되어 전체적으로는 중성(전하가 0)이 된다.

그러나 전하에 치우침이 없는 중성 원자나 분자여도 어느 순간에는 양전하의 중심과 음전하의 중심이 어긋날 수 있다. 그때 원자 사이 혹은 분자 사이에 작용하는 전기적 힘을 반데르발스 힘(Van der waals force)이라고 한다.

물속에 인지질이 많으면 인지질끼리 모이는 성질이 있다. 이때 인지질 사이에는 반데르발스 힘이 작용한다.

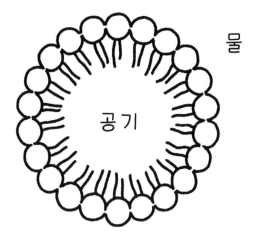

공기

물

그림 3-5 미셀

　물속에 모인 인지질은 여러 가지 형태를 띤다. 머리를 물속에 넣고 다리를 수면 위로 내민 채 늘어서기도 하고(그림 3-4), 물속에서 머리는 바깥쪽으로 내밀고 다리를 안쪽으로 뻗어서 공 모양으로 모이기도 한다. 이렇게 공처럼 모인 것을 미셀(micelle)이라고 부른다(그림 3-5). 어떤 형태든 친수기만 물과 접촉하고 소수기는 물에 닿지 않도록 늘어서는 것이다.

　공 모양의 미셀에서는 인지질이 안과 밖을 분리한다. 그러나 미셀로는 세포를 만들 수 없다. 세포는 내부에서 화학반응을 일으키므로 안쪽이 물로 차 있어야 한다. 미셀의 내부에는 소수기가 돌출되어 있기 때문에 공기 등이 있을 뿐 내부를 물로 채울 수 없다.

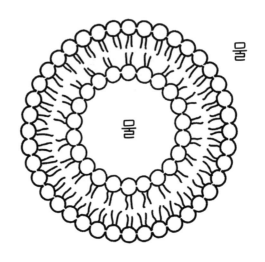

그림 3-6 소포

그럼 내부도 물로 채우기 위해서는 어떻게 해야 할까? 이때도 방법은 있다. 인지질을 이중막으로 만들면 된다. 다리와 다리를 맞대고 이중막을 만들면 공의 바깥쪽도 안쪽도 친수기로 싸인다. 이런 구조를 소포(vesicle)라고 한다(그림 3-6). 소포는 속이 텅 빈 (하지만 물이 들어 있는) 세포라고 해도 좋다.

이런 양친매성 분자인 소포는 실험으로 간단히 만들 수 있다.

가까운 소포의 예로는 비눗방울이 있다. 다시 말해서 비눗방울도 양친매성 분자의 이중막으로 되어 있다. 다만 세포가 물속의 소포인 반면, 비눗방울은 공기 중의 소포이다. 비눗방울의 양친매성 분자는 머리와 머리를 맞대고 이중막을 만들기 때문에 비눗방울의 바깥쪽과 안쪽에는 모두 소수기가 튀어나와 있다. 따라서 비눗방울은 바깥쪽이나 안쪽이나 공기와 닿아 있다. 이런 소포를 역(逆)소포라고 하는데, 막의 성질은 동일하다.

보통 비눗방울은 금세 터지지만 세제에 풀 등을 섞어서 잘 터지지 않게 만든 비눗방울은 손가락으로 찔러도 잘 터지지 않는다. 손가락을 찔러넣은 채 그 손가락을 옆으로 움직일 수도 있다. 실제 세포막에는 수많은 단백질이 박혀 있는데, 그 단백질은 세포막 속을 수평으로 이동할 수 있다. 비눗방울에 넣은 손가락을 움직일 때 우리가 느끼는 것이 바로 이 현상이다. 양친매성 분자는 막 속을 자유롭게 움직일 수 있기 때문이다. 한편 비눗방울은 매우 유연해서 하나의 비눗방울이 떨어져 나가서 2개의 비눗방울이 될 수도 있다. 마치 세포분열 같은 것으로, 고무풍선과 같은 것들로는 관찰할 수 없는 현상이다.

세포막에는 문이 있다

세포는 살아 있다. 그리고 살아 있는 이상 세포 안의 환경을 일정하게 유지해야 한다. 만일 외부가 변화할 때마다 세포 내부도 똑같이 변한다면 살아갈 수가 없을 것이다. 다시 말해서 세포는 집과 같다. 겨울이 되면 난로를 켜고 여름이 되면 에어컨을 틀어서 집 안의 온도가 일정하게 유지되도록 한다. 비가 오거나 눈이 내려도 지붕과 벽이 막아주므로 집 안은 항상 맑은 날과 같다. 세포막은 이런 지붕과 벽처럼 외부에 대해서 닫혀 있어야 한다.

그런데 세포가 살아가기 위해서는 영양을 섭취하거나 배설물을 내보내는 일 역시 필요하다. 이는 집도 마찬가지이다. 음식을 들여오거나 쓰레기를 치우지 않으면 생활이 유지되지 않는다. 따라서 집에는 지붕과 벽뿐 아니라 문도 있다. 평소에는 닫혀 있지만 필요할 때에는 문을 열고 물건을 들이거나 내보내야 한다. 세포와 집 모두 외부에 완전히 열린 상태로 있거나 완전히 차단된 상태로 있어서는 안 된다.

세포막은 인지질이 이중으로 된 막(인지질 이중층)인데, 여기에는 수많은 단백질이 박혀 있다(실제로는 단백질이 직접 박혀 있는 것이 아니라 단백질 주위를 경계지질이 쿠션처럼 둘러싸고 있다). 여기에서 단백질은 문, 인지질 이중층은 벽에 해당한다.

사실 세포막은 벽의 역할을 하면서도 모든 것을 통과하지 못하게 막지는 않는다. 통과시키는 것도 있고 통과시키지 않는 것도 있다. 세포막은 표면이 친수기로 코팅되어 있지만 대부분은 소수기로 구성되어 있다. 따라서 소수성 물질은 통과하기가 쉬운 반면 친수성 물질은 통과하기 어렵다.

세포막을 쉽게 통과할지 통과하지 못할지는 전하의 유무와도 관계가 있다. 보통의 원자는 양전하를 띠는 양자와 음전하를 띠는 전자의 수가 같기 때문에 원자 전체로서는 양과 음이 상쇄되어 전하를 띠지 않는다. 그런데 전자의 수가 조금 늘거나 줄어드는 경우가 있다. 그러면 전체적으로는 양이나 음 중에서 어느 하나의 전하를 띠게 된다. 이렇게 전하를 띠는 원자를 이온(ion)이라고 한다.

이온은 물에 잘 녹는 친수성이라서 세포막을 거의 통과하지 않는다. 그러나 이온은 세포가 살아가는 데에 중요한 역할을 하기 때문에, 외부와 이온을 주고받아야 한다. 이때에는 문을 사용하게 된다.

이때 막에 박혀 있는 단백질이 문의 기능을 한다. 이를 막 단백질(membrane protein)이라고 부른다. 막 단백질에는 여러 가지가 있는데 그중 하나가 펌프이다. 모든 생물은 에너지원으로 아데노신 3인산(adenosine triphosphate, ATP) 분자를 이용한다. 펌프는 ATP와 결합해서 에너지를 받고 그 에너지를 사용해서 강제로 이온을 수송한다(이를 능동 수송이라고 한다).

예를 들면 나트륨 펌프(Na-K 활성 ATP아제[ATPase]라고도 한다)라는 막 단백질은 ATP 한 분자의 에너지를 사용해서 나트륨 이온 세 분자를 세포 안에서 세포 바깥으로 내보내고, 칼륨 이온 두 분자를 세포 밖에서 세포 안으로 들여온다(그림 3-7).

한편 이온 통로(ion channel)라는 막 단백질도 있는데, 이것은 ATP와 결합하지 않기 때문에 에너지를 사용하지 않는다. 문을 닫았을 때에는 이온이 통과하지 않지만, 문을 열었을 때에는 단

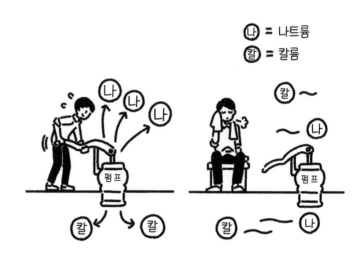

나트륨 펌프는 움직이거나 멈춘다

그림 3-7 막 단백질의 기능

순히 이온이 지나가는 통로가 된다. 이온은 어느 방향으로도 흐를 수 있는데, 실제로는 이온 통로의 외부 환경에 따라서 흐르는 방향이 결정된다. 즉, 이온의 농도가 높은 쪽에서 낮은 쪽으로 흐르게 된다(이를 수동 수송이라고 한다). 이온 통로로는 나트륨 이온이 통과하는 나트륨 통로나 칼륨 이온이 통과하는 칼륨 통로 등이 있다.

게다가 물질이 아닌 정보를 운반하는 수용체(receptor, 수용기라고도 한다)라는 막 단백질도 있다. 먼저, 수용체의 세포 바깥으로 나와 있는 부분에 물질이 결합한다. 수용체에 결합한 이 물질

50

을 리간드(ligand)라고 한다. 리간드가 결합한 수용체는 구조가 변한다. 그 결과 수용체 세포 내에 나와 있는 부분도 구조가 변한다. 그 구조의 변화가 신호가 되어서 일정한 정보를 세포 내부로 전달하는 것이다.

예를 들면 표피성장인자 수용체(epidermal growth factor receptor, EGFR)가 있다. 단백질인 표피성장인자의 리간드가 표피성장인자 세포의 바깥쪽에 나와 있는 부분과 결합하면, 표피성장인자의 세포 안쪽에 나와 있는 부분에 인산기(H_2PO_4-)가 결합해서 인산화된다. 이것을 기점으로 세포 내에서 차례차례 신호가 전달되어 최종적으로 핵 안에 신호가 도착하면 세포분열이 일어나는 것이다.

세포막은 수십억 년 동안이나 진화하지 않았다

지금까지 설명한 것처럼 세포막은 화학반응 덩어리인 생물과 외부를 물속에서 분리해주는 데에 안성맞춤인 막이다. 게다가 세포를 살아가게 하기 위해서 여러 가지 문을 만들 수도 있는 매우 편리한 막이기도 하다. 이것만으로도 생물이 세포막을 분리막으로 사용하는 이유는 충분히 납득할 수 있다. 그러나 아무래도 이것만은 아닌 듯하다.

세포막에는 이상한 점이 있다. 바로 세포막이 수십억 년 동안 거의 진화하지 않았다는 점이다. 그 근거는 현재 지구에 살고 있는 모든 생물의 세포막이 인지질 이중층 구조로 되어 있다는 것이다. 즉, 오늘날 모든 생물의 공통 조상이 살았던 그 오랜 옛날부터 세포막의 기본 구조는 바뀌지 않았다. 인지질 이중층에 뛰어난 점이 있다고 생각할 수밖에 없다.

덧붙이자면 일부 세포막이 인지질 이중층을 사용하지 않는 경우도 있다. 예를 들면 식물 세포에는 인지질 대신 당지질을 사용하는 경우가 있다(당지질이라는 이름 그대로 당을 함유한 지질이다). 이유는 정확히 모르지만, 인을 구하기 어려운 환경에서 당지질을 사용하면 인을 절약할 수 있기 때문이라는 의견도 있다.

그리고 고세균(96쪽)과 유사한 생물들 중의 일부는 2개의 인지질을 다리 끝으로 연결하는 테트라에테르 지질(tetraether lipid) 구조를 사용하고 있다. 따라서 이 부분만은 지질층이 한 겹으로 되어 있다(그림 3-8).

한 겹의 지질층은 해저의 열수 분출구와 같이 온도가 높은 환경에 적응한 산물이라고 설명되기도 한다. 온도가 높아지면 인지질의 열 운동이 활발해져서 인지질끼리 연결되는 반데르발스 힘을 넘어서게 된다. 때문에 두 층의 인지질끼리의 강한 공유 결합으로 연결된 테트라에테르 지질을 사용하게 되었다는 것이다. 그러나 온도가 높은 환경에 놓이지 않은 고세균 중에도 테트라에테르형 지질을 가진 개체가 있기 때문에 정확한 이유는 아직 밝혀

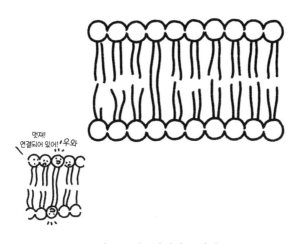

그림 3-8 테트라에테르 지질

지지 않고 있다. 그러나 이 테트라에테르 지질을 가진 세포막도 대부분은 통상적인 지질 이중층 구조로 되어 있다. 지질 이중층의 일부가 한 겹일 뿐, 막 전체의 성질은 보통의 지질 이중층과 거의 다르지 않은 것이다.

이처럼 모든 생물이 거의 모든 세포막에 인지질을 사용하고 있다. 생물은 여러 장소에서 살기 때문에 그 환경에 적응한 다양한 세포막이 진화했다고 해도 이상하지는 않다. 그런데 생물은 고집스럽게 인지질 이중층을 세포막으로 사용하고 있다. 생물을 외부와 분리하면서 물질을 드나들게 하는, 이른바 닫혀 있으면서 열려 있는 막으로서는 인지질 이중층이 안성맞춤인 것이다. 인지질 이중층은 생명 활동에 없어서는 안 될 토대였던 것이다.

제4장

생물은 흐르고 있다

인간과 자동차가 닮은 점

우리 인간은 운동을 하면 허기를 느낀다. 운동으로 소비한 에너지를 음식으로 보충해야 하기 때문이다. 자동차도 마찬가지이다. 속도를 내며 달리면 에너지를 소비하므로 에너지원인 휘발유를 공급해야 한다.

그런데 인간은 아무런 일을 하지 않아도 배가 고플 때가 있다. 예를 들면 공부나 일 같은 활동을 하지 않고 집에서 빈둥거리기만 해도 배가 고프다. 자동차도 이와 비슷해서 멈춰 있는데도 엔진이 돌면 휘발유가 줄어든다.

그러나 자동차는 엔진을 끄면 아무리 시간이 지나도 휘발유가 줄지 않는다. 이것은 우리 인간에게는 불가능한 일이다. 하지만 이를 모방할 수 있는 생물도 있다.

흔히 분자생물학 연구실에서는 대장균을 냉동 보관한다. 대장균을 배양하는 액체에 10퍼센트 정도의 글리세롤을 섞는다. 그러면 냉동을 해도 대장균의 세포 속에 얼음 결정이 생기지 않는다.

냉동을 하고 10년 이상이 지나도 해동하면 대장균은 되살아난다. 마치 엔진을 끈 자동차처럼 대장균은 죽지 않는다.

그러나 냉동 보관된 상태를 살아 있다고 말할 수 있는지는 애매하다. 따라서 여기에서는 냉동 보관하지 않은 상태의 생물, 즉 이른바 살아 있는 상태의 생물에 대해서 생각해보기로 하겠다.

인간과 자동차가 닮지 않은 점

앞에서 말한 생물의 세 가지 정의는 (1) 막으로 외부와 분리되어 있다, (2) 대사 활동을 한다, (3) 자신의 복제를 만든다였다. 이 중에서 두 번째인 대사는 "생물의 몸속 에너지와 물질의 흐름"을 가리킨다. 생물의 몸속에는 에너지와 물질이 흐르고 있다. 바로 앞에서 말했듯이 에너지의 흐름은 생물과 자동차가 유사하다. 그렇다면 물질의 흐름은 어떠할까?

자동차의 경우에는 에너지가 흐를 뿐 물질은 흐르지 않는다. 물론 확실히 휘발유는 물질이다. 그러나 휘발유는 에너지원으로만 사용되므로 여기에서는 에너지로 보자. 순수한 물질, 즉 차체 등은 자동차가 달려도 변하지 않는다.

반면 생물의 몸속에서는 에너지뿐 아니라 물질도 흐른다. 조금 지저분한 이야기이지만 우리의 대변에는 영양을 흡수하고 남은 음식 찌꺼기만 있는 것이 아니다. 대변의 3분의 1은 소장에서 떨어져 나온 세포이다. 에너지원으로서의 음식뿐만 아니라 우리 몸 자체인 세포도 매일 몸속에서 흐름을 통해서 배출된다.

그렇다면 소장의 세포는 왜 떨어져 나갈까? 그것은 소장 내의 환경이 세포에게 가혹하기 때문이다.

소장 속에는 수많은 박테리아들이 살고 있다. 이른바 장내 세균으로, 그 수는 수백조로 추정된다. 장내 세균의 99퍼센트 이상은 대장에서 살지만, 워낙 그 수가 많기 때문에 소장에도 상당한 수의 장내 세균들이 살고 있을 것으로 보인다. 그 엄청난 수의 박테리아가 소화 중인 음식 속에 가득하다. 확실히 불결하기 짝이 없는 환경이다.

게다가 소장에 있는 근육은 음식을 항문 쪽으로 보내기 위해서 연동 운동을 한다. 그러는 사이에 다양한 영양소를 흡수하는 것은 꽤 힘든 일이다. 그 최전선에서 노력하고 있는 것이 소장 상피 세포이다.

이런 가혹한 환경에서 바쁘게 일해야 하기 때문에 소장 상피 세포의 수명은 매우 짧다. 대체로 5일, 최전선에서 일할 수 있는 기간은 하루 정도라고 한다. 그리고 그 짧은 생애를 마치면 몸 바깥으로 배출되는 것이다.

다시 말해서 우리는 매일 몸의 일부를 밖으로 버리고 있다. 이대로라면 우리의 몸은 점점 작아질 것이다. 그러나 실제로 우리 몸의 크기에는 (성인이 되면) 큰 변화가 없다. 그렇다는 것은 우리가 매일 몸을 버리는 한편으로 몸을 만들고 있다는 뜻이다. 이런 점에서 우리는 자동차와 유사하지 않다. 우리 몸속에서는 에너지뿐만 아니라 물질도 흐르고 있다.

생물의 몸은 물질의 흐름

생물의 몸에는 언제나 물질이 흘러들고 흘러나간다. 그러나 그 흐름의 속도는 장소에 따라서 다르다.

우리 몸의 가장 바깥쪽은 표피이고, 이는 다시 여러 층으로 나뉜다. 가장 깊은 곳에 있는 기저층에서는 세포분열이 왕성하게 일어나며, 여기에서 만들어진 세포가 표층으로 밀려 나가다가 가장 바깥쪽에 있는 각질층에 이르면 벗겨져서 떨어져 나간다. 이것이 이른바 때(dead skin)이다. 이 표피 세포의 수명은 몇 주일이라고 한다.

일리야 프리고진

표피 밑에는 진피가 있다. 수년에 이를 정도로 수명이 긴 진피 세포는 좀처럼 교체되지 않는다. 몸에 문신을 새기면 평생 사라지지 않는데, 이는 표피를 뚫고 진피까지 색소를 주입하기 때문이다. 색소 입자 중에서도 작은 것들은 배출되지만 큰 것은 세포가 바뀌어도 배출되지 않기 때문에 그 자리에 남게 된다. 그래서 문신은 점점 옅어지기는 할지언정 평생 지워지지는 않는다.

한편 생물의 몸속에는 교체되지 않는 부분도 있다. 예를 들면 가리비나 소라 등 연체동물의 껍데기는 교체되지 않는다. 죽을 때까지 같은 재료 그대로이다. 분자 차원에서 보더라도 동일한 분자를 유지한다.

그러나 생물의 몸 상당 부분은 항상 교체되고 있다. 우리의 몸도 10년 정도가 지나면 많은 부분이 교체되기 때문에 10년 전의 여러분은 더 이상 존재하지 않게 된다. 지금 여러분의 몸 대부분은 새로운 물질로 이루어져 있다. 그럼에도 여러분은 여러분 그대로이다. 전체적인 모습에도 크게 변함이 없다. 생물이란 참으로 불가사의하지 않은가?

이렇게 순환 속에서 형태를 일정하게 유지하는 구조를 산일 구조(dissipative structure)라고 한다. 러시아 출신의 벨기에 물리학자 일리야 프리고진(1917-2003)이 밝힌 구조이다. 그는 이 연구로 1997년에 노벨 화학상을 수상했다.

생물은 평형 상태가 아니다

여러분의 눈앞에 물이 담긴 유리컵이 있다. 한참을 지켜봐도 컵 안에는 아무런 변화도 일어나지 않는다. 물의 양에도 변함이 없다. 이런 상태를 평형 상태라고 한다.

그러나 아무런 변화가 없는 것은 겉모습일 뿐 분자 차원에서는 동적인 상태, 다시 말해서 분자가 활발하게 움직이는 상태이다. 액체 속 물 분자의 일부는 공기 중으로 날아간다. 그리고 공기 중의 물 분자 일부는 액체인 물속으로 뛰어든다. 날아간 수와 녹아든 수가 동일하기 때문에 겉보기에는 아무 일도 일어나지 않는 것처럼 보인다. 이것이 평형 상태이다.

평형 상태는 동적인 상태이지만 여기에는 흐름이 없다. 흐름이란 예를 들면 강물과 같은 것이다. 강의 물 분자 중에는 상류를 향해서 움직이는 것도 있지만, 하류를 향해서 움직이는 분자가 압도적으로 많다. 따라서 전체적으로 보면 강의 물 분자는 하류 쪽으로 움직인다고 할 수 있다. 이것이 흐름이다.

한편 컵에 담긴 물의 경우에는 날아가는 수와 녹아드는 수가 동일하다. 따라서 전체적으로 보면 그 수가 상쇄되어 흐름으로는 이어지지 않는다.

더욱이 평형 상태일 경우에는 에너지의 흐름도 없다. 한 예로 컵도 물도 주변의 공기도 같은 온도라고 하자. 이 경우 평형 상태에 있는 컵의 수면 부근에는 에너지가 외부에서 유입되지도 않고 외부로 유출되지도 않는다.

평형 상태는 외관상 아무 일도 일어나지 않는 상태이기 때문에 "죽음의 세계"라고 불리기도 한다. 이에 따르면 생물은 분명히 평형 상태가 아니다. 생물에는 흐름이 있기 때문이다. 에너지와 물질이 유입되어서 생물의 몸을 만들고, 유출이 일어난다. 즉 생물은 살아 있는 동안에는 형태가 거의 변하지 않음에도 불구하고 비평형 상태인 것이다.

생물은 산일 구조이다

가스 난로의 불꽃은 대체로 끝이 가늘어지는 타원형이다. 잠시 지켜보아도 그 형태는 변하지 않는다. 그러나 변화하지 않는 것은 외형뿐이고 분자 차원에서는 동적인 상태이다. 여기까지는 평형 상태일 때와 동일하지만 그다음은 다르다. 불꽃은 비평형 상태이다. 불꽃에는 물질과 에너지 두 측면에서 모두 흐름이 있다.

불꽃이 일정한 형태를 띠는 것은 에너지원으로서 가스(주성분은 메탄)가 지속적으로 공급되고 있기 때문이다. 가스는 난로 속에서 나와서 (산소와 결합하여 이산화탄소와 물이 된 후) 공기 중으로 퍼져나간다. 이 불꽃처럼, 흐름이 있는 비평형 상태인데도 정상 상태(형태가 변화하지 않는 상태)인 구조를 "산일 구조"라고 한다.

여기에서 간단하게 "산일"이라는 말에 대해서 설명하겠다. 에너지에는 여러 가지 형태가 있다. 예를 들면 운동 에너지가 있다. 바닥을 구르는 공은 운동 에너지를 가지고 있다. 그러나 이 공은 굴러가는 동안 속도가 점점 느려지다가 결국에는 멈춘다. 이것은 공의 운동 에너지가 바닥과의 마찰에서 발생한 마찰열로 변하기 때문이다. 즉 운동 에너지가 열 에너지로 바뀐 것이다.

그러나 이 반대의 현상은 일어나지 않는다. 멈춰 있는 공이 바닥에서 열 에너지를 모아서 혼자서 구르기 시작하는 일은 생기지 않는다.

이처럼 에너지의 변화에는 방향이 있다. 운동 에너지뿐만 아니라 여러 에너지가 열 에너지로 변하는데, 그 반대는 일어나지 않는다. 이렇게 방향이 정해져서 반대로 그것을 거스르는 일은 일어나지 않는 과정을 불가역 과정이라고 한다. 그리고 여러 가지 에너지가 열 에너지로 변화하는 불가역 과정을 "산일"이라고 부른다. 가스 난로의 경우에는 메탄 속에 축적된 에너지(구체적으

로는 메탄 분자 속 원자끼리의 결합 에너지)가 불꽃의 열 에너지
로 흩어진 것이다.

물론 가스 난로에는 에너지가 드나든다. 산일 구조란 비평형임
에도 정상 상태인 것을 말한다. 다른 말로 바꾸어 말하면 흐름이
있는데도 형태가 변하지 않는 것이다. 산일 구조의 예로는 가스
난로의 불꽃 외에 조수 간만의 차 때문에 생기는 소용돌이나 태
풍, 그리고 생물이 있다. 프리고진도 생물이 산일 구조의 예임을
깨닫고 다양하게 연구를 진행했다.

왜 생물은 산일 구조일까

생물의 세 가지 정의 중의 하나는 대사 활동을 한다는 것이다. 그
렇다면 생물은 왜 대사 활동을 할까? 만약 그 물음에 대해서 "그
것은 생물이 산일 구조를 띠기 때문"이라고 답한다면, 일단 답은
된다. 산일 구조인 것은 반드시 에너지나 물질의 흐름이 있기 때
문이다. 그렇다면 왜 생물은 산일 구조로 되어 있을까?

산일 구조가 생물의 본질이 아님은 분명하다. 태풍이나 가스
난로의 불꽃 등 생물이 아니어도 산일 구조를 띠는 경우가 있기
때문이다.

앞에서 나는 "우리의 지식이 불완전하다는 것을 항상 마음 한
구석에 담아두고 잊지 말도록 하자"고 말했다. 우리는 모르는 것

들이 많다. 그렇다면 혹시 "왜 생물은 산일 구조로 되어 있을까?"라는 질문 자체가 틀렸을 가능성은 없을까?

여러분이 복권 1등에 당첨되었다고 하자. 그렇다, 기적이 일어난 것이다. 그럼 여러분은 "어떻게 1등에 당첨되었습니까?"라는 질문을 받게 될 것이다. 여러분은 어떤 답을 할 것인가?

어쩌면 여러분은 "복권을 샀기 때문"이라고 답할지도 모른다. 뭐, 그것도 틀리지는 않다. 애초에 복권을 사지 않았다면 당첨될 일도 없기 때문이다. 그러나 역시 그것은 답이 되지 않는다. 왜냐하면 복권을 산 사람의 대부분은 당첨이 되지 않기 때문이다.

아마도 여기에 정답은 없을 것이다. 여러분이 1등에 당첨된 것은 매일 신에게 기도해서도 아니고 여러분이 선행을 베풀어서도 아니며 우연히 당첨이 된 것일 뿐이다. 우연하게 기적이 일어난 셈이다.

산일 구조를 띠는 사례들은 많이 존재한다. 그중에서 생물은 기적적으로 복잡하고 기적적으로 오랜 기간(약 40억 년) 존재해 왔다. 그러나 그것은 우연이었을지도 모르며, 산일 구조를 띠는 것들 중에서 가장 복잡하고 오래 사는 개체를 생물이라고 부르게 된 것일 수도 있다.

물론 진실은 알 수 없다. 그러나 여기에서 멈추지 말고 계속 앞으로 나아가자. 걷다 보면 알게 될 수도 있다. 생물학에 끝이란 없으니까 말이다.

예전의 너는
더 이상 존재하지 않아….

과장 좀 하지 마.
세포 수준에서의 이야기잖아.

제5장

생물의 특이점

인류는 인공지능에게 멸망당한다?

인공지능(artificial intelligence, AI)이라는 말을 자주 듣는다. 인공지능이 프로 바둑 기사와 승부를 겨루거나 대학 입학시험을 치른다고 해서 화제가 되기도 했다. 기업에도 인공지능이 도입되어서 일부 업무를 수행하게 되었다. 미국의 유명 신문 「워싱턴 포스트(*The Washington Post*)」에는 이미 AI가 선거 보도기사를 썼으며, 일본의 신문사에서도 AI를 활용하기 시작했다.

한편 인공지능이 발전하는 데에 불안을 느끼는 사람들도 있다. 가까운 미래에 인공지능이 인간의 능력을 뛰어넘지 않을까? 그리고 인간의 일을 인공지능 등의 기계에게 빼앗기지 않을까 하는 염려이다.

그중에서 가장 극단적인 주장이 "특이점(singularity)이 온다"는 의견이다. 특이점은 주로 기술적 특이점으로 번역되는데, 지금까지의 규칙을 사용할 수 없게 되는 시점을 뜻한다. 구체적으로는 "인공지능이 자신의 능력을 넘어서는 인공지능을 스스로 만들게 되는 시점"을 가리킨다. 그리고 특이점이 오면 인류는 종말을 맞게 될지도 모른다는 것이다.

만약 인공지능이 자신보다 영리한 인공지능을 만들 수 있다고 하자. 그러면 새롭게 만들어진 인공지능은 다시 자신보다 영리한 인공지능을 만든다. 그 새로운 인공지능이 더 영리한 인공지능을 만들고 이 과정을 반복하면 엄청나게 영리한 인공지능이 순식간에 출현할 것이다.

만일 능력이 1인 인공지능이 능력이 1.1인 인공지능을 만들 수 있다고 하자. 이 과정을 100번 반복하면 능력이 1만을 넘는 인공지능이 생긴다. 그렇게 되면 이제 인류는 인공지능을 당해내지 못한다. 인류는 인공지능에 정복당하고 어쩌면 멸종될지도 모른다. 그럴 가능성도 있다는 말이다.

생각해보면 내가 대학생이던 1980년대에도 인공지능 붐이 일었다. 인공지능이 곧 출현해서 일상 생활을 완전히 바꿀 것이라는 말을 자주 들었는데, 실제로는 그렇게 되지 않았다. 그러므로 특이점에 관해서 아직은 그렇게 걱정하지 않아도 될 것 같다.

그러나 이미 발생한 특이점이 있다. 바로 생물의 특이점이다.

게으름뱅이의 발명

한 마을에 게으름뱅이로 유명한 남자가 있었다. 그는 농부의 자식이었다. 부모는 그에게 어른이 되면 농사를 지으라고 했고 남자도 그럴 생각이었다.

성인이 되자 남자는 농사를 시작했다. 한동안 성실하게 일했지만 일이 귀찮아서 견딜 수가 없었다. 본디 게으름뱅이이니 당연하다면 당연한 일이었다. 그래서 남자는 생각했다.

"나 대신 논밭에서 일해줄 로봇을 만들 수 없을까? 만약 그런 로봇이 있다면 나는 하루 종일 집에서 잠만 잘 수 있을 텐데."

남자는 그 계획을 실현하기 위해서 로봇을 만들기 시작했다. 다행스럽게도 남자는 그 방면에 재능이 있었던 것 같다. 드디어 논밭에서 대신 일해줄 농업 로봇이 완성되었다.

로봇은 아침이면 집을 나와 논밭으로 가서 낮에는 일하고 저녁이 되면 집으로 돌아왔다. 남자는 행복했다. 하루 종일 집에서 잠을 잘 수 있었으니 말이다.

그러나 남자의 행복은 오래가지 못했다. 한 달이 지나자 로봇이 망가진 것이다. 남자는 로봇을 수리하려고 했지만 아무리 해도 고쳐지지가 않았다. 그래서 어쩔 수 없이 다시 처음부터 로봇을 만들기로 했다. 다시 로봇이 완성되자 남자의 행복한 날들이 부활했다.

그런데 그 로봇도 한 달이 지나자 망가졌다. 어쩔 수 없이 남자는 다시 로봇을 만들었고, 그런 일이 반복되었다.

한동안은 하루 종일 누워 있을 수 있어서 행복하지만, 한 달이 지나면 로봇을 만들어야 한다. 남자는 그것이 귀찮아서 견딜 수가 없었다. 그래서 생각했다.

"나 대신 로봇을 만들어줄 로봇을 만들 수는 없을까? 그런 로봇이 있다면 하루 종일 집에서 잠만 잘 수 있을 텐데."

남자는 그 계획을 실현하기 위해서 새로운 로봇을 만들기로 결심했다. 농사를 짓는 기존의 기능에 로봇을 만드는 기능을 추가한 것이다.

신형 로봇은 한 달이 지나면 새 로봇을 만든 후에 망가졌다. 그러니까 이제 남자는 아무런 일을 하지 않아도 되었다. 농사일도 로봇이 해주고 새로운 로봇도 로봇이 만들어주었다. 남자는 하루 종일 집에서 잠만 잘 수 있어서 행복했다.

행복한 남자는 딱히 할 일이 없어서 매달 만들어지는 로봇을 관찰해보았다. 그리고 그 로봇들이 조금씩 다르다는 점을 깨달았다. 일단 같은 로봇을 만들도록 설계했는데, 완전히 같은 복제 로봇을 만들기는 어려운 것일까?

가령 복사기로 서류를 복사하면 글씨가 조금 흐려진다. 매우 낮은 확률이라도, 컴퓨터로 디지털 데이터를 복사할 때에도 문제는 반드시 생긴다. 이 세상에 완벽한 복제는 존재하지 않는다.

따라서 매달 만들어지는 농업 로봇도 조금씩 달랐다. 농사일을 하는 속도가 조금 빠른 로봇이 있는가 하면 조금 느린 로봇도 있었다. 30일이면 망가지는 로봇도 있고 31일째에 망가지는 로봇도 있었다. 그러나 이것은 큰 문제가 아니었기 때문에 남자는 신경도 쓰지 않았다.

실제로 이것은 특별한 일이 아니었다. 성능이 1인 로봇이 만든 로봇의 성능이 1.1이 될지 0.9가 될지는 대체로 확률이 같다. 그래서 로봇의 성능은 좋아지기도 하고 나빠지기도 했다. 따라서 로봇이 급격히 변화하는 일은 없었던 것이다.

이렇게 해서 조금씩 다른 로봇이 매달 만들어지다 보니 엉뚱하게도 로봇을 두 대나 만드는 로봇이 생기고 말았다. 그런데 남자의 집에는 로봇용 연료가 한 대 분량밖에 없었다.

"큰일인데. 둘 중 하나만 연료를 채울 수 있는데 어떡하지?"

그러나 남자가 고민할 필요는 없었다. 로봇끼리 자연스럽게 문제를 해결했기 때문이다.

연료 탱크에는 매일 한 대분의 연료밖에 들어 있지 않았다. 로봇은 매일 농사일이 끝나고 집에 돌아오면 그 연료 탱크에서 직접 연료를 넣게 되어 있었다. 때문에 농사일이 빨리 끝난 로봇이 먼저 집으로 돌아가 연료를 넣게 되었고, 다른 로봇은 연료를 넣지 못했다. 결국 연료가 떨어진 로봇은 더 이상 농사를 짓지 못하고 집 한쪽 구석에 멈춰선 채로 있게 되었다.

이런 일이 반복되면서 로봇의 농사일은 눈 깜짝할 사이에 속도가 매우 빨라졌다. 성능이 1인 로봇이 만든 로봇의 성능이 1.1이 될지 0.9가 될지는 대체로 확률이 같다. 그러나 살아남는 것은 성능이 좋은 로봇뿐이다. 따라서 로봇의 성능은 점점 좋아진다. 만일 매달 성능이 1.1배가 된다면 1년에 성능이 (1.1의 12제곱이

3.138이므로) 3배 이상이 된다. 4년이 지나면 3.138의 4제곱이므로 무려 100배 정도가 된다. 로봇은 급속도로 변화해갔다.

그리고 10년 후……이제 로봇의 능력은 게으른 남자를 훨씬 웃돌았다. 게다가 더 이상 남자가 시키는 대로도 하지 않았다. 농사일도 하지 않았고 집도 로봇이 살기 쉽도록 개조했다. 남자가 로봇을 부수려고 하자 도리어 로봇이 덤벼들었다. 어쨌든 이제는 로봇이 더 똑똑하고 강했다. 남자는 울면서 집을 떠났다.

그러나 이야기는 여기에서 끝나지 않는다. 마침내 로봇은 스스로 연료를 채굴하게 되었고, 로봇의 수는 점점 늘어났다. 그렇다고 해서 만들어진 로봇들이 모두 살아남지는 않았다. 로봇은 매달 두 대의 로봇을 만들기 때문에 모두 살아남으면 3년만에 600억 대가 넘게 된다. 따라서 살아남을 수 있는 것은 그중에서도 성능이 좋은 로봇들뿐이다. 때문에 로봇은 점점 늘어나고 점점 현명해져서 마침내 지구 전체를 지배하기에 이르렀다. 이제 인간의 모습은 어디에서도 찾아볼 수 없게 되었다.

너는 인류가 멸망해도 좋아?

로봇이 있으면 게으름 피울 수 있다는 건가?

특이점으로서의 자연선택

앞의 이야기에서도 특이점을 생각할 수 있다. 그 이야기에서 특이점은 언제 일어났을까? 농사를 짓는 로봇이 생겼다. 그리고 한 대의 로봇이 한 대의 복제 로봇을 만들게 되었다. 이때까지만 해도 게으른 남자는 행복했다. 남자가 로봇을 제어할 수 있었기 때문이다.

그런데 한 대의 로봇이 두 대의 복제 로봇을 만들면서 상황이 달라졌다. 두 로봇 중에서 성능이 좋은 쪽이 살아남게 되면서 로봇의 성능이 폭발적으로 향상되기 시작한 것이다. 그리고 남자는 로봇을 통제할 수 없게 되었다.

즉 두 대의 복제 로봇을 만들기 시작했을 때가 특이점이다. 그럼 왜 이 시점에서 특이점이 생겨난 것일까? 그것은 자연선택이 작용하기 시작했기 때문이다.

자연선택이 무엇인지 먼저 알아보자. 자연선택이 작용하기 위한 조건은 다음의 두 가지이다. 이 두 가지 조건이 갖추어지면 반드시 자연선택이 작용하기 시작한다.

⑴ 유전되는 변이가 있을 것

⑵ 성체가 되는 수보다 많은 자손을 낳을 것

기린을 예로 들어보자. 가령 목이 긴 기린이 목이 짧은 기린보다 더 많은 나뭇잎을 먹을 수 있다고 해보자. 즉 목이 긴 쪽이 살아가는 데에 유리하다고 가정하는 것이다.

(1)의 "변이"는 "동일 종(種) 내의 차이"라는 의미로, 이 경우에는 목 길이의 차이가 된다. 만일 목의 길이가 유전되지 않으면 목 길이에 자연선택은 작용하지 않는다. 뭐, 그야 그럴 것이다. 자연선택이 작용하기 위해서는 목 길이의 유전이 필요하다.

다만 목의 길이가 유전된다고 해도 완전히 유전되지는 않는다. 목이 보통 기린보다 1미터 긴 부모에게서 태어난 새끼의 목 역시 1미터 길었다고 하자. 이 경우 유전율은 100퍼센트이다. 그러나 실제 유전율은 20퍼센트나 40퍼센트 정도이다. 목이 보통보다 1미터 긴 부모에게서 태어난 새끼의 목은 평균적으로 수십 센티미터 더 길 뿐이다. 그래도 그것으로 충분하다. 유전율이 0퍼센트가 아니면 설사 1퍼센트라고 해도 자연선택은 작용하게 된다.

(2)도 자연선택이 작용하기 위해서 반드시 필요한 조건이지만 무심코 놓치기가 쉽다. 앞의 이야기에서도 한 대의 로봇이 한 대의 복제 로봇을 만드는 동안에는 자연선택이 작용하지 않았다. 복제 로봇을 두 대 만들게 되면서 갑자기 자연선택이 작용하기 시작했다.

사실 자연선택에는 유리한 로봇을 늘리는 기능은 없고 불리한 로봇을 제거하는 기능만 있다. 따라서 한 대의 로봇이 한 대의 복제 로봇을 만드는 동안에는 연료가 충분하기 때문에 로봇들이 모두 살아남을 수 있다. 그러니 자연선택은 작용하지 않는다. 그러나 한 대의 로봇이 두 대의 복제 로봇을 만들게 되면 그때부터 연료가 부족해지면서 제거되는 로봇이 생긴다. 그래서 자연선택이 작용하기 시작한 것이다(상세하게 말하면 태어나는 자손이 평균적으로 한 개체 이하라도 자연선택이 작용하는 경우가 있다. 예를 들면 총 개체 수가 줄어드는 경우이다. 이 경우에는 비록 자손이 한 개체 이하라도 [2]의 조건[성체가 되는 수보다 많은 자손을 낳을 것]이 충족되는 경우가 있다).

자연선택은 생물의 조건

우리 지구에는 약 40억 년 전에 생물이 출현한 것으로 추정된다. 그러나 설령 생물(과 같은 것)이 탄생했다고 하더라도 자연선택이 작용하지 않았다면 존속할 수 없었을 것이다.

이야기 속의 로봇도 한 대의 로봇이 한 대의 복제 로봇을 만드는 동안에는 그 순환이 언제 끊어져도 이상하지 않다. 로봇이 농사일을 하는데 지진이 나는 바람에 굴러떨어진 바위에 맞아서 망가질 수도 있다. 그렇게 되면 이제 다음 로봇은 만들 수 없기 때문에 로봇의 계통은 여기에서 끝이 난다.

아니, 설령 로봇이 100대 있어도 그 이상 로봇의 수가 늘어나지 않으면 이야기는 마찬가지이다. 사고가 일어나서 하나씩 망가지면 언젠가는 로봇의 수가 0이 된다. 그래서 로봇이 계속 존재하기 위해서는 로봇이 늘어나야만 한다.

그러나 늘어나기만 해서는 역시 오래가지 못한다. 모든 로봇의 성능이 완전히 똑같다면 로봇은 전멸하기 쉽기 때문이다. 가령 로봇이 물에 약할 경우, 비가 오면 그대로 끝이다. 로봇이 몇 만 대가 있든 폭우가 내리면 전멸하게 된다.

전멸하지 않으려면 로봇의 종류가 다양할 필요가 있다. 그러기 위해서는 조금 부정확한 복제 로봇을 만들면 된다. 그러면 여러 로봇들이 만들어지고, 그중에는 물에 조금 강한 로봇도 있을 것이다. 그리고 그 변화가 다음 로봇으로 이어지면 좀더 물에 강한 로봇도 생긴다. 그렇게 되면 비가 많이 와도 괜찮다. 즉 유전되는 변이가 있으면 되는 것이다.

자연선택이 작용하는 조건 두 가지를 모두 만족시킨 이 시점이 로봇에게는 특이점이다. 분명 로봇은 개량되기 시작해서 점점 다양해지고, 지구에 가득 찰 때까지 늘어날 것이다.

이상은 가공의 이야기이지만 과거 지구에 생명이 태어났을 때에도 같은 일이 있었을 것이다. 지구는 넓고 시간은 길다. 생명과 비슷한 것들은 분명히 여러 번 출현했을 것이다. 그리고 생겼다가 사라지기를 반복했을 것이다. 그런데 어느 날, 특이점이 발생하여 생명과 유사한 그 어느 하나에 자연선택이 작용하기 시작한 것이다. 그 생명 비슷한 것은 빠르게 복잡해지고 점점 다양해져서 마침내 지구에 가득 찼다.

생물의 세 번째 정의는 "자신의 복제를 만든다"였다. 그러나 정확히 말하면 "(성체가 되는 것보다 많은) 자신의 복제를 만드는 것"이다. 그 덕분에 생물은 40억 년 동안이나 계속 생존해왔다.

자연선택은 좀 잔혹하지만 생물이 계속 생존하기 위해서는 중요한 거군요.

제6장

생물일까, 무생물일까?

대사 활동을 하지 않는 생물이 있을까

제3장에서 제5장에 걸쳐서 생물의 주요한 세 가지 특징을 살펴보았다. 그것들을 정리해서 검토해보자. 특히 반대 측면, 다시 말해 이러한 특징이 없는 생물을 상상해보자.

그럼 대사부터 검토해보겠다. 달리 말해서 생물이 비평형 상태임에도 형태가 변하지 않는다는 것을 검토하는 셈이다.

일단 간단한 복습부터 하자. 가령 남극에 여러 해 동안 형태가 변하지 않은 큰 얼음이 있었다. 이 얼음의 표면에서는 항상 물 분자들이 공기 중으로 빠져나간다. 그리고 공기 중에 있는 같은 수의 물 분자가 항상 얼음의 표면에 결합한다. 그래서 외관상 얼음의 형태에는 변화가 없다.

이런 평형 상태에서는 물질이나 에너지의 출입이 모든 곳에서 균형을 이룬다. 겉보기에는 물질과 에너지 모두 움직임이 없기 때문에 "죽음의 세계"라고 부르기도 한다. 따라서 평형 상태라면 형태가 변하지 않는 것이 당연하다.

그런데 생물은 물질과 에너지가 움직인다. 예를 들면 우리 인간의 소장 벽(장벽)에서는 물질 출입의 균형이 맞지 않는다. 소장의 장벽을 통해서 모세혈관으로 들어가는 물질이 나오는 물질보다 많다. 따라서 물질은 장벽 속을 한쪽 방향으로 흐른다. 이처럼 생물은 물질이나 에너지의 흐름이 있으므로, 다시 말해서 대사 활동을 하므로 비평형 상태이다. 그런데 생물은 비평형 상태임에도 형태가 바뀌지 않는다. 이런 구조를 산일 구조라고 한다. 10년 전의 몸과 현재의 우리 몸은 그것을 이루는 대부분의 물질이 바뀌었는데도 형태는 (성장기가 지나면 크게) 변하지 않는다.

운동하는 물체에는 운동 에너지가 있다. 그러나 그중 일부는 땅과의 마찰이나 공기의 저항으로 인해서 열 에너지로 바뀐다. 열 에너지가 되면 더 이상 그것들을 회수해서 운동 에너지로 되돌릴 수 없다. 이와 같이 물질이 가지는 다양한 에너지가 불가역적(원래로 되돌아갈 수 없는 것)으로 열 에너지가 되어 상실되는 것을 산일이라고 한다.

우리는 주로 음식물을 섭취함으로써 화학 에너지를 얻는다. 그 대부분은 열 에너지로 몸에서 빠져나간다. 우리는 몸에 들어온 에너지를 열 에너지로 산일시키며 살아가고 있는 것이다. 그러기 위해서는 식사나 배설 등을 통해서 물질이 들어오거나 나가야 한다. 다시 말해서 우리는 물질과 에너지의 흐름 속에서 살아가는 산일 구조이다.

제5장에서는 농업 로봇이 인류를 멸망시킨다는 가상의 이야기를 했다. 이 농업 로봇은 복제 능력을 가진 예로 그린 것인데, 이

번에는 이들이 대사 활동을 하는지 하지 않는지에 대해서 검토해 보자.

농업 로봇은 스스로 연료를 넣고 움직인다. 따라서 로봇의 몸에 달린 연료통의 입구에는 연료라는 물질의 흐름이 있다. 그러나 이것은 로봇 전체에서 보면 극히 일부에 지나지 않는다. 농업 로봇의 몸은 금속이기 때문에(그렇다고 치자) 아무것도 하지 않고 내버려두면 형태가 변하지 않는다. 물질과 에너지를 끊임없이 흘려보내야 형태를 유지할 수 있는 것이 아니다. 이것이 바로 가스 난로의 불꽃과 같은 산일 구조와의 차이이다. 어느 쪽인가 하면 로봇은 자동차에 가깝다. 그리고 자동차는 산일 구조라고 할 수 없다. 즉 농업 로봇의 몸은 산일 구조가 아니기 때문에 생물과 같은 대사 활동은 하지 않는다.

지구는 농업 로봇의 지배를 받게 되고 인류는 멸종하고 말았다. 그런 지구에 어딘가 다른 별에서 외계인이 온다면, 농업 로봇을 생물이라고 생각할까?

농업 로봇은 매달 복제 로봇을 만들면서 지구에 널리 분포해서 활동한다. 외계인과 (만약 말이 통한다면) 대화도 할 수 있을 것이다. 만약 외계인이 지구를 정복하려고 한다면 농업 로봇은 (일찍이 인간에게 맞섰을 때처럼) 저항할 것이다. 아무리 생각해도 농업 로봇은 생물처럼 보인다. 그러나 농업 로봇은 생물의 정의인 대사 활동을 하지 않는다.

복제를 만들지 않는 생물이 있을까

제5장에서는 농업 로봇에 자연선택이 작용하기 시작(두 대의 복제 로봇을 만들기 시작)한 시점을 특이점으로 생각했다. 자연선택이 작용하기 시작하자 농업 로봇의 능력이 폭발적으로 향상되었기 때문이다.

현실의 생물에서도 자연선택은 매우 중요하다. 지구의 환경은 항상 변화한다. 가령 기온이 섭씨 20도에서 0도가 되었다고 하자. 그때 생물이 변화하지 않으면, 즉 20도에 적응한 상태 그대로라면 생물은 추위에 멸종해버릴 것이다.

또 자연선택이 작용하지 않은 채로 무턱대고 변화해도 곤란하다. 기온은 20도에서 0도로 변화했는데 생물은 20도에서 40도에 적응하도록 변화한다면 이 경우에도 역시 추위로 멸종하게 될 것이다.

환경의 변화에 맞출 수 있게, 아니 정확히는 환경의 변화를 따라갈 수 있게 생물을 변화시키는 것은 자연선택뿐이다. 만일 자연선택이 작용한다면, 기온이 20도에서 0도가 되면 생물은 20도에서 아마도 10도 정도에 적응하도록 변화할 수 있을 것이다. 그리고 시간이 지나면 0도에 적응한 개체도 나타날 것이다. 환경의 변화보다는 조금 늦지만, 자연선택은 환경의 변화를 따라갈 수 있게 생물을 바꾸는 것이다.

나아가 자연선택에는 또 하나의 장점이 있다. 지구의 환경은 장소에 따라서 다르다. 적도 바로 아래에 있는 지역은 덥고 남극은 춥다. 열대우림에는 비가 많이 내리지만 사막에는 비가 많이 내리지 않는다. 이런 여러 환경에 적응한다면 생물은 여러 종으로 다양해질 것이다.

다시 말해서 자연선택에 의해서 생물은 다양화되면서 환경의 변화에 맞게 변해간다. 그렇게 되면 일부 생물이 환경의 변화를 따라가지 못해서 멸종하는 일이 생기더라도 모든 생물이 멸종하는 일은 절대 일어나지 않을 것이다. 실제로 지구에서는 약 40억 년이나 되는 긴 세월에 걸쳐서 계속 생물이 생존해왔다. 이렇게 오래 살아남을 수 있었던 것은 자연선택 덕분이다.

그러나 이것은 환경이 크게 변하는 지구에 해당하는 이야기이다. 만약 환경이 일정하고, 앞으로도 변하지 않는 행성이라면 어떨까?

스스로의 에너지로 빛나는 태양과 같은 별을 항성이라고 한다. 그리고 항성 중에는 수명이 긴 것과 짧은 것이 있다.

항성은 수소 등을 원료로 한 핵융합 반응(원자핵끼리 융합하는 반응)으로 빛을 낸다. 항성이 크면 수소가 많아서 수명이 길 것 같지만 그렇지 않다. 큰 항성은 중심부의 압력이 높기 때문에 온도가 높아져서 핵융합 반응이 빠르게 진행된다. 그 과정에서 수소를 계속 소비하므로 큰 항성일수록 수명이 짧다.

우리의 태양은 비교적 수명이 긴 항성이지만 질량이 좀더 가벼운 항성들 중에는 태양의 100-1,000배 정도의 수명을 가진 항성도 있는 것으로 밝혀졌다.

스스로 빛을 내지 않고 항성 주위를 도는 천체를 행성이라고 한다. 지구도 태양 주위를 도는 행성이다. 그런데 태양보다 수명이 훨씬 긴 항성 주위를 도는 행성이 있다면, 그 행성의 환경은 매우 안정되어 오랫동안 변화가 없을지도 모른다.

어떤 항성이든 조금씩 온도가 올라가고, 조금씩 커진다. 태양도 예외는 아니다. 지구가 생길 무렵 태양의 밝기는 현재의 70퍼센트 정도였다고 한다. 그러나 수명이 긴 항성이라면 그런 변화가 매우 느리게 진행된다. 따라서 행성에 도달하는 에너지도 오랫동안 일정하기 때문에 행성의 환경은 안정적일 수 있다.

무엇보다 이렇게 수명이 긴 항성은 방출하는 에너지도 적기 때문에 행성에 도달하는 에너지도 적다. 따라서 행성에서 생물이 활동하기 위한 에너지도 적어서 오래 살기에는 불리할 수 있다. 그러나 만약 행성이 항성과 가까이 있다면 어느 정도 일정한 양의 에너지가 행성에 도달할지도 모른다. 이를 위해서는 행성 쪽에서도 몇몇 조건이 충족되어야 한다. 가령 지구처럼 자전축이 기울어져 있으면 계절이 생겨서 환경이 일정하지 않을 수 있다.

뭐, 너무 구체적으로 파고들 필요는 없다. 아마도 지구보다 환경이 안정된 행성은 존재할 것이다. 그곳에서 탄생한 생물은 같은 모습으로 언제까지고 계속 살 수도 있으며, 어쩌면 복제를 하지 않을 수도 있다.

가스 난로를 계속 켜두면 위험하지만 만약 난로가 매우 튼튼하고 그것에 조금씩, 하지만 끊임없이 가스를 주입하면……가스 난로는 오랫동안 계속 불꽃을 피울 수 있다. 어쩌면 수백 년 혹은 수천 년, 아니 그보다도 더 오랫동안 불꽃을 피울 수 있을지도 모른다. 다시 말해 환경이 일정한 동시에 끊임없이 에너지가 공급되면 불꽃과 같은 비평형 상태는 언제까지고 계속될 수 있다. 계속 불꽃을 태우는 일이 가능한 것이다.

이런 단순한 산일 구조를 오랫동안 존속시킬 수 있다면, 복잡한 산일 구조를 오랫동안 존속시키는 것도 불가능하지는 않을 것이다. 그렇다면 복잡한 산일 구조를 가진 생물이 계속 사는 것도 가능하지 않을까?

혹은 복제는 하지만 자연선택은 작용하지 않는 경우도 생각할 수 있다. 예를 들면 특이점에 도달하기 직전의 농업 로봇과 같은 경우이다. 농업 로봇은 한 달 후에 새 로봇을 한 대 만들고 나서 망가졌다. 이때에는 복제는 하지만 복제 로봇을 한 대밖에 만들지 않았기 때문에 자연선택은 작용하지 않았다. 만약 환경에 아무런 변화가 없다면 이 구조는 영원히 계속될 것이다.

어쩌면 이 우주의 어딘가에는 자연선택과 무관한 생물, 아니 복제조차 만들지 않는 생물이 살고 있을지도 모른다.

분리막이 없는 생물이 있을까

2017년 여름에 발생한 제5호 태풍은 관측 역사상 가장 오래 산 태풍으로, 19일이나 계속 살아 있었다. 이 태풍은 일본 와카야마 현에 상륙한 이후 천천히 계속 북상하다가 기후 현에서 나가노 현에 걸친 산맥에 부딪혀서 둘로 분열되었다.

태풍은 전형적인 산일 구조의 예이다. 태풍은 주위의 에너지를 흡수하면서 일정한 소용돌이 형태를 유지한다. 이 동안은 계속해서 물질과 에너지가 태풍 속을 흐르는 비평형 상태가 지속된다. 따라서 태풍은 대사 활동을 한다고도 말할 수 있다.

그리고 태풍은 2017년의 제5호 태풍처럼 분열하여 복제를 만들기도 한다. 그러고 보면 태풍은 생물의 주요 특징 중에서 두 가지를 충족하는 셈이다.

그런데 만약 수십 년이나 수백 년 동안이나 존재하는 태풍이 있다면 어떻게 될까? 지구에서는 어렵겠지만 우주 어딘가의 행성에서는 발생한 태풍이 주위로부터 계속 에너지를 흡수하며 수백 년이나 존속(대사 활동을 계속)할 수도 있다. 태풍은 높은 산맥에 부딪히면 그때그때 분열도 할 것이다.

그 행성에서 태풍은 어떻게 변화해나갈까?

어쩌면 그 행성에서는 쉽게 분열하는 태풍이 증가할지도 모른다. 쉽게 분열하면 작은 산맥에 부딪히기만 해도 분열된다. 그러면 결과적으로 분열하는 횟수가 늘어난다. 즉 분열이 빨라진다. 분열이 느린 태풍보다 분열이 빠른 태풍이 자연선택에 의해서 행성에 빠르게 확산될 것이기 때문이다.

다만 이것은 쉽게 분열한다는 성질이 새로 생긴 태풍에 전해진 경우의 이야기이다. 태풍에 그런 유전 구조가 있다고 볼 수는 없으며, 따라서 자연선택은 작용하지 않을 것이다. 이 경우는 같은 태풍이 증가하는 것뿐이다. 이 행성의 태풍을 "생물"이라고 부르는 데에는 다소 저항감이 있지만, 뭐, "생물 비슷한 것"이라고 부르는 정도는 괜찮지 않을까?

이처럼 태풍에는 일단 대사 활동과 복제라는 특징은 있다. 그러나 외부와의 분리막은 없다.

지구의 생물은 후지 산 같은 것

예전에 나는 시즈오카 현의 누마즈 시에 머문 적이 있었다. 아침에 일어나서 거리를 걷던 나는 엄청나게 큰 후지 산을 보고 깜짝 놀랐다. 도쿄에서 보는 후지 산과는 위용이 전혀 달랐다. 마치 다른 산 같았다.

지구의 생물은 누마즈 시에서 보는 후지 산 같지 않을까? 우리 인간보다 엄청나게 크고 전혀 다른, 동떨어진 존재 말이다.

그러나 후지 산만이 산은 아니다. 땅이 솟아올라 있는 것을 산이라고 본다면 산은 헤아릴 수 없이 많다. 누가 보아도 멋진 산이 있는가 하면 산이라고 불러도 좋을지 의견이 엇갈리는 산도 있을 것이다. 높이가 낮아서 거의 평지와 다름없는 산도 있을지 모르겠다. 그렇게 보면 산과 평지는 연속적이라고 할 수 있다.

그러나 후지 산은 누가 보아도 분명히 산임을 알 수 있다. 마찬가지로 지구의 생물도 분명히 생물임을 알 수 있다. 그러나 산인지 평지인지 알 수 없는 산이 있듯이, 우주의 어딘가에는 생물인지 무생물인지 가늠할 수 없는 존재도 있을 것이다. 어쩌면 아무리 봐도 생물 같은데 지구 생물의 세 가지 특징을 가지지 않은 것도 있을 수 있다. 혹은 지구의 온라인상에도 생물 비슷한 것이 생길지도 모른다. 그렇게 되면 무엇이 생물인지조차 알 수 없게 되고, 생물과 무생물도 구분할 수 없게 될 것이다.

나는 생물을 정의할 수 없다고 생각하지만, 지구의 생물은 정의할 수 있다고 생각한다. 다음 장부터 지구의 생물 이야기를 시작할 텐데, 지구의 생물 저 뒤편에는 무엇인가 알 수 없는 광활한 생물의 세계가 펼쳐져 있음을 이따금 기억하도록 하자.

제7장

연두벌레는 동물일까, 식물일까?

연두벌레는 동물일까, 식물일까

연두벌레라는 생물이 있다. 학명은 유글레나(*Euglena*)인데, 일본에서는 이 이름으로 건강 보조식품도 판매되고 있다.

연두벌레는 편모를 휘날리며 헤엄도 치고 몸의 형태를 바꾸어 움직일 수도 있어서 마치 동물 같다. 한편 연두벌레는 엽록체가 있어서 광합성도 할 수 있는데, 이 부분에서는 마치 식물 같다. 그래서 옛날에는 연두벌레가 동물인지 식물인지를 두고 고민하는 사람도 있었던 것 같다.

그런데 연두벌레가 동물인지 식물인지 왜 고민할까? 이유는 간단하다. 생물은 동물과 식물밖에 없다고 생각하기 때문이다. 그러나 실제로는 동물도 식물도 아닌 생물도 많다. 그런 관점에서 보면 전체 생물 중에서 동물이나 식물은 극히 일부에 지나지 않는다. 따라서 연두벌레가 동물인지 식물인지 고민할 필요는 전혀 없다. 연두벌레는 동물도 식물도 아니다. 그저 그뿐이다.

현재 지구의 생물은 크게 세 가지로 분류된다(그림 7-1). 세균(진정세균)과 고세균(원시세균), 진핵생물이다. 우리 동물은 진핵생물에 속한다.

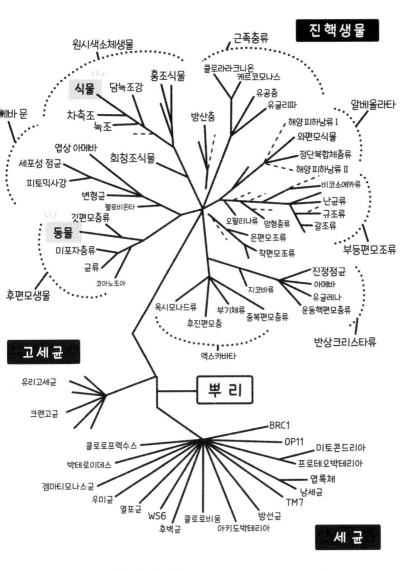

그림 7-1 생물의 세 분류(Baldaut 2003, Pace 2009를 수정)

칼 리처드 우즈

고세균(Archaea)은 비교적 최근인 1977년, 미국의 생물학자 칼 리처드 우즈(1928-2012)에 의해서 발견되었다. 우즈는 DNA의 염기서열(DNA 속의 염기 나열 방법. 214쪽에서도 설명하겠다)을 사용하여 모든 생물의 계통

관계를 처음으로 조사한 연구자이다. DNA는 모든 생물이 유전 정보를 저장하기 위해서 사용하는 물질인데, 그중 염기서열은 시간이 지남에 따라서 조금씩 바뀐다. 따라서 진화의 과정도 DNA 속에 저장되어 있다.

계통이 그렇게 멀지 않은 생물이라면, 몸의 형태를 보고 계통 관계를 추측할 수 있다. 소와 사슴과 도마뱀이 있을 때 소와 사슴의 계통이 가깝다는 것은 몸의 형태만 보아도 알 수 있다.

예를 들면 소와 사슴, 도마뱀은 모두 다리가 있다. 그것은 이들 3종의 공통 조상에게 다리가 있었기 때문이다. 이 다리처럼 각각의 종이 공통 조상에게 물려받은 동일한 형질을 상동형질(homologous character)이라고 한다(형질이란 형태와 성질을 가리키며, 생물의 모든 특징을 말한다). 이 상동형질끼리 비교하면 계통 관계를 추측할 수 있다. 이 경우는 다리를 비교하면 소와 사슴에게는 발굽이라는 공통 구조가 있지만 도마뱀에게는 없다는 것을 알 수 있다. 이를 통해서 도마뱀에 비해서 소와 사슴이 근연 관계임을 짐작할 수 있다.

그러나 계통이 멀면 무엇이 상동형질인지 알 수 없다. 인간과 버섯, 아메바가 있다면 무엇이 상동형질인지 알기 어렵다. 따라서 모든 생물의 계통 관계를 밝히는 것은 어려운 일이었다.

그런데 모든 생물은 DNA를 가지고 있다. 그리고 DNA의 몇몇 유전자는 모든 생물이 지니고 있다. 모든 생물의 공통 조상이 그 유전자를 가지고 있었기 때문이다. 따라서 그 유전자는 모든 생물에게서 동일하게 나타난다고 볼 수 있다. 그런 유전자를 이용하면 모든 생물의 계통 관계를 추측할 수 있다.

이 방법을 처음으로 시도한 사람이 바로 우즈이다. 구체적으로는 RNA를 만드는 SSU-rRNA 유전자를 이용해서 모든 생물의 계통 관계를 추정한 것이다

(RNA는 DNA와 비슷한 분자이다. 자세한 내용은 제15장 "유전의 원리"에서 설명하도록 하겠다).

그 결과, 외형상 동일해 보이는 메탄 생성 세균과 대장균이 계통적으로는 매우 멀리 떨어진 관계임이 밝혀졌다. 이에 따라서 메탄 생성 세균을 포함한 무리를 세균 무리에서 독립시켜서 고세균 무리를 만들었다.

분류와 계통의 차이

그런데 세균과 고세균은 하나의 원핵생물로 묶이기도 한다.

제3장에서 말했듯이 모든 생물은 생체막을 가지고 있다. 그 생체막을 세포의 바깥쪽을 감싸는 세포막으로만 사용하는 것이 원핵생물이다. 반면 생체막을 세포막뿐만 아니라 세포의 내부를 분리하는 데에도 사용하는 것이 진핵생물이다(그림 7-2). 분리막 중에서 가장 중요한 것은 DNA를 감싸고 있는 핵막이다. 이때, DNA와 그것을 싸고 있는 핵막을 아울러 핵이라고 한다. 이에 따라서 핵이 없는 것이 원핵생물이고 핵이 있는 것을 진핵생물이라고 보아도 좋다.

이때 조금 까다로운 것이 분류와 계통의 관계이다. 세균과 고세균은 모두 원핵생물로 분류되기 때문에 계통적으로도 근연 관계라고 생각하기 쉽지만 실제로는 그렇지 않다. 고세균을 기준으

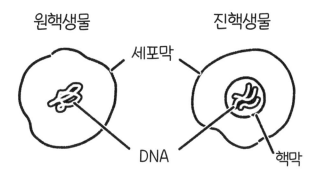

그림 7-2 원핵생물과 진핵생물

로 보면 세균보다는 진핵생물과 더 가까운 근연 관계이다(그림 7-3의 [1]).

가까운 예를 들어서 생각해보자. 상어와 다랑어, 그리고 인간은 아주 오랜 옛날에는 하나의 종이었다(그림 7-3[2]). 여기에서 먼저 상어에 이르는 계통이 나뉘었고, 그 뒤에 다랑어에 이르는 계통과 인간에 이르는 계통이 나뉘었다. 따라서 인간과 상어보다 인간과 다랑어가 계통적으로 근연 관계이다. 다랑어를 기준으로 보았을 때에도 상어보다 인간과 더 근연 관계이다. 그러나 상어와 다랑어는 어류로 분류되고 인간은 포유류로 분류된다. 인간보다 상어와 다랑어가 닮았기 때문이다. 상어와 다랑어는 지느러미와 아가미가 있지만 인간에게는 이것들이 없다. 또한 상어와 다랑어는 인간에게 있는 손과 발, 귀가 없다. 다만 인간과 다랑어 사

(1)

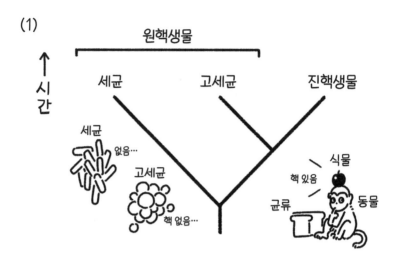

(2)

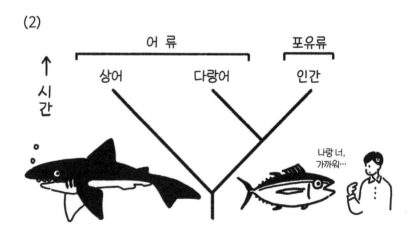

그림 7-3 분류와 계통의 관계

이에는 유사한 점도 있다. 예를 들면 인간과 다랑어의 골격은 주로 경골(脛骨)이지만 상어는 연골(軟骨)이다. 그럼에도 전체적으로 보면 결국 상어와 다랑어 사이에 비슷한 점이 더 많을 것이다. 요약해서 설명하자면 비슷한 점을 정리한 것이 분류이고, 그것이 반드시 계통적인 거리와 일치하지는 않는다는 것이다.

마이어의 생각

그런데 우즈가 주장한 고세균 무리는 반대 의견이 많아서 쉽게 인정을 받지 못했다. 반대 입장에 섰던 대표적인 인물로는 에른스트 마이어(1904-2005)가 있다.

마이어는 독일 출신의 미국 진화학자로, 우수한 업적들을 수없이 남겼다. 생물학적 종 개념을 제창한 것으로도 유명하다. "종이란 무엇인가?"라는 물음에 답하기는 어렵지만 그 대답의 하나를 마이어가 제시한 것이다.

종이란 유전자를 교류하는 개체의 모임으로, 다른 종과는 유전자를 교류하지 않는다. 다시 말해서 종과 종은 생식적으로 격리되어 있다. 이것이 마이어가 제기한 종의 개념이다.

그러나 생물학적 종 개념은 무성번식을 하는 생물에는 적용할 수 없다. 예를 들면 세균은 개체끼리 유전자를 거의 교환하지 않고, 보통 개체의 분열을 통해서만 증식한다. 이런 생물은 기본적으로 유전자를 교류하지 않기 때문에 생물학적 종 개념으로는 정의하기가 어렵다. 또 화석에도 생물학적 종 개념을 사용할 수 없다. 대부분의 화석에는 유전자가 남아 있지 않기 때문에 화석을 통해서 유전자 교류의 여부를 추측할 수 없는 것이다.

이처럼 사용할 수 있는 범위에 제한은 있지만 생물학적 종 개념은 이해하기가 쉬워서 사용 가능한 현장에서는 널리 이용되고 있다. 그런데 이렇게 유명한 진화학자인 마이어가 우즈의 주장에 제동을 걸고 나선 것이다.

마이어의 의견은 이렇다. 세균과 고세균의 차이는 이들과 진핵생물의 차이에 비하면 매우 적다. 그러므로 굳이 고세균이라는 분류군을 만들 필요가 없다. 또 현재 알려진 종의 수와 비교하면 진핵생물은 200만 종인데 비해서 세균은 1만 종에도 미치지 못하고, 고세균은 200여 종에 불과하다. 이렇게 종의 수가 적은 고세균과 대단히 다양한 진핵생물을 대등하게 다루는 것은 논리상 맞지 않다.

물론 마이어의 의견을 납득할 수 없는 것은 아니다. 우리 진핵생물은 우수한 다양성을 가지고 있다. 땅속을 파고드는 두더지도 있고 하늘을 나는 새도 있다. 땅 위를 줄지어 가는 작은 개미들도 있는가 하면 넓은 바다에서 유유히 헤엄치는 거대한 고래도 있다. 이런 진핵생물의 다양성을 보면 누구나 숭고한 마음이 들지 않을까?

이에 비해서 고세균이나 세균의 형태는 구슬 모양이나 막대 모양, 혹은 실처럼 가늘고 긴 모양으로 모두 비슷비슷하다. 크기도 1마이크로미터(1밀리미터=1,000마이크로미터) 정도밖에 되지 않을 정도로 매우 작다. 큰 것이라

에른스트 마이어

고 해도 10마이크로미터 정도이다. 우리의 눈은 50마이크로미터 정도의 크기밖에 볼 수 없기 때문에, 고세균이나 세균은 우리의 눈에는 보이지 않는다(구슬 모양을 한 유황 세균의 일종인 나미비아의 유황 진주는 지름이 최대 0.75밀리미터에 달해서 육안으로도 볼 수 있다. 이처럼 어느 정도의 예외는 있다). 아무리 생각해도 세균이나 고세균에게는 주목할 만한 다양성이 없다.

지금까지의 분류에서는 생물을 진핵생물과 원핵생물(세균) 두 가지로 분류했다. 애초에 별다른 다양성도 없는 세균이 대단히 다양한 진핵생물과 대등하게 어깨를 나란히 하는 것만으로도 말도 안 되는 일이다. 그런데 우즈는 여기에 200여 종의 고세균이라는 분류군까지 새로 만들어서 진핵생물과 대등하게 다루었다. 정말이지 가당치도 않은 일이다.

그런데……정말로 말도 안 되는 일일까?

세균과 고세균의 다양성

우리 몸의 대부분은 물과 유기물로 이루어져 있다. 유기물이란 탄소를 포함하는 복잡한 분자를 말한다. 그래서 탄소를 포함한 분자라도 이산화탄소(CO_2)나 탄산칼슘($CaCO_3$)처럼 단순한 분자는 유기물이라고 하지 않는다. 생물이 만드는 단백질이나 당, 지질, 그리고 그것과 관련된 물질이 주된 유기물이다.

다양한 진핵생물 중에서 가장 눈에 띄는 것은 동물과 식물이다. 동물과 식물 모두 유기물로 되어 있지만, 동물은 스스로 유기물을 만들지 못한다. 반면 식물은 광합성을 통해서 유기물을 만들 수 있다. 따라서 식물이 만든 유기물이 동물의 식량이 된다. 동물이 살아가기 위해서 식물은 없어서는 안 될 존재이다.

식물에도 훌륭한 다양성이 있다. 땅바닥에 바짝 붙어서 살아가는 이끼에서부터 키가 110미터가 넘는 세쿼이아까지 크기도 다양하다. 그러나 식물의 가장 큰 특징인 광합성에 대해서 생각해보면, 모든 식물은 산소를 배출하는 유형의 광합성을 하고 있다. 아니, 식물뿐만 아니라 광합성을 하는 다른 진핵생물 또한 산소 발생형 광합성을 하고 있다. 그 예로 김 같은 홍조식물이나 미역 같은 갈조식물, 클로렐라 같은 녹조류 등을 들 수 있다.

한편 세균에는 남조류처럼 산소 발생형 광합성을 하는 것이 있는가 하면 홍색 황세균이나 홍색 비황세균, 녹색 비황세균과 같이 산소 없이 광합성을 하는 개체도 있다. 또, 비산소 발생형 광합성이면서 이들 세 가지와는 다른 유형의 광합성을 하는 녹색 황세균과 헬리오박테리아도 있다. 게다가 광합성이 아닌 화학합성(분자 속의 화학합성 에너지를 이용하는)으로 유기물을 만드는 아질산균이나 황세균 등의 세균도 있다(그림 7-4).

고세균 중에서도 광합성을 하는 개체가 있는데, 고세균의 일종인 호염성 세균은 진핵생물이나 세균보다 간단한 유형의 광합성, 즉 산소를 만들지 않는 광합성을 한다. 또 메탄 생성 세균이나 아질산균 등 화학합성을 하는 고세균도 있다(아질산균에는 세균인 종도 고세균인 종도 있다). 어쩌면 광합성이나 화학합성처럼 생물의 기본적인 특징 면에서 본다면, 진핵생물보다 세균이나 고세균의 다양성이 높을 수 있다.

다시 말해서, 진핵생물의 다양성이란 기본 특징이 동일한 범위 안에 여러 종류가 있다는 것일 뿐이다. 이것은 세균이나 고세균보다 다양성이 낮다는 뜻이 아닐까?

어느 학교에 반이 2개 있다고 하자. 1반에는 학생이 100명이고 모두 일본어만 할 수 있다. 일본어에도 다양한 사투리가 있지만 다른 언어와 비교하면 사투리 사이의 차이는 크지 않다. 2반은 학생이 10명에 불과하지만 각각의 학생이 아랍어나 스와힐리어 등 다른 언어를 구사한다. 이 경우 비록 인원은 적어도 언어적 다양성이 높은 것은 2반일 것이다.

그림 7-4 광합성과 화학합성

　그런데 기본 특징 면에서 보면 다양성이 높은데도 왜 세균이나 고세균의 종 수는 적을까?

　진핵생물의 대부분은 눈으로 볼 수 있기 때문에 새로운 종을 찾기가 쉽다. 그러나 세균이나 고세균은 눈에 보이지 않는다. 따라서 현미경을 사용하거나 배양해서 개체 수를 늘리지 않으면 찾을 수가 없다. 경우에 따라서는 DNA도 살펴보아야 새로운 종인지를 알 수 있다. 이처럼 노력과 시간이 필요하기 때문에 세균과 고세균의 종 수는 좀처럼 늘지 않는다. 즉 정말 종의 수가 적은 것이 아니라 인간이 발견한 종의 수가 적을 뿐이다.

　우리의 장 안에는 장내 세균이 살고 있다. 장내 세균의 종 수는 약 1,000종이며, 개체 수는 약 1,000조 개라고 한다. 단 한 사람의 몸속에도 이렇게 많은 세균이 살고 있으니, 꼼꼼하게 그 수를 헤아린다면 종 수가 진핵생물보다 많지 않을까?

앞의 학교 예시를 다시 보자. 이 경우에는 1반보다 2반이 학생의 수가 많았다. 그러나 만일 일본어밖에 못하는 학생이 100명 있는 1반과 각각 다른 언어를 구사하는 학생이 1,000명 있는 2반, 이렇게 되면 게임도 되지 않는다. 언어적 다양성이 높은 쪽이 2반이라는 것은 명백하다.

그렇다면 결론적으로 역시 지구의 모든 생물은 진핵생물과 세균과 고세균, 세 무리로 나누는 편이 좋을 것이다.

세균이나 고세균이 하등 생물이라는 편견

마이어의 관심은 눈에 보이지 않는 작은 생물이 아니라 눈에 보이는 큰 생물에 있었을지도 모른다. 때문에 눈에 보이는 다양성만 강조하고 눈에 보이지 않는 다양성은 무시했을 것이다.

그러나 마이어의 이야기는 지나간 옛날이야기가 아니다. 마이어와 같은 의견은 오늘날에도 흔하게 들을 수 있다. 예를 들면 사람이나 포유류는 "고등 생물"이고 아메바나 세균은 "하등 생물"이라는 사고이다. 이런 생각의 뿌리는 마이어의 생각과 맥락을 같이한다.

확실히 몸의 구조를 생각하면 우리는 세균보다 복잡한 생물이다. 그러나 우리 인간도 세균도 생명이 탄생한 지 약 40억 년이라는 같은 시간 동안 진화해온 생물이다. 어느 쪽이 진화했다든지, 어느 쪽이 고등하다든지 하는 것은 단정할 수 없다.

세균과 고세균은 몸집은 작지만 엄청난 철광상(iron deposit)을 만들거나 산소를 포함한 대기를 만드는 등 지구와 다른 생물들에게 큰 영향을 미쳐왔다. 몸집이 크든 작든 각각의 생물들이 서로, 그리고 생물과 지구가 서로 영향을 주고받은 결과로 현재의 지구와 생물이 존재하는 것이다.

물론 아침부터 밤까지 세균이나 고세균을 생각할 필요는 없지만, 만약 생물 전체에 대해서 생각할 때에는……이 지구에는 진핵생물뿐만 아니라 세균이나 고세균도 산다는 것을 잊지 말자.

제8장

움직이는 식물

벌레 잡는 파리지옥

앞에서 동물과 식물은 모든 생물의 일부분일 뿐이라고 말했다. 그러나 우리 인간도 동물이기 때문에 동물을 중심으로 생각하는 것은 어느 정도 어쩔 수 없는 일이다. 게다가 동물의 생존에는 식물이 중요한 역할을 한다. 동물의 몸을 이루는 재료도, 움직이기 위한 에너지도 따지고 보면 식물에게서 얻은 것이다.

이와 같이 동물과 식물이 우리에게 가장 친근한 생물임은 분명하다. 그래서 이번 장에서는 식물에 관해서 조금 생각해보기로 한다.

식물이라고 하면 움직이지 않는 생물이라는 인상이 강하다. 그러나 사실 움직이는 식물들도 상당히 많다. 그중에서도 가장 유명한 것이 파리지옥일 것이다(그림 8-1).

파리지옥은 북아메리카의 식충식물로, 잎이 2개의 조개껍데기처럼 생겼다. 잎의 가장자리에는 긴 돌기가 나 있다. 두 장의 잎은 평소에는 열려 있지만, 파리 등의 곤충이 안에 들어오면 0.5초 정도 뒤에 닫힌다. 이때까지는 잎과 잎 사이에 아직 틈이 있기 때문에 파리가 걸을 수는 있지만, 두 장의 잎에 난 돌기가 마치 감옥의

닫습니다—

그림 8-1 파리지옥

철책같이 생겨서 도망갈 수는 없다. 파리지옥은 잎을 점차 닫고, 결국에는 안에 들어간 파리의 형태가 오롯이 드러날 정도로 단단히 입을 다문다. 그런 다음에는 염산이 풍부한 소화액을 분비해서 파리의 영양분을 흡수한다. 열흘쯤 지나면 파리지옥은 잎을 다시 열고 소화되지 않고 남은 것을 버린다. 그리고는 다시 먹잇감을 기다린다.

그런데 파리지옥은 어떻게 파리가 왔다는 사실을 알 수 있을까? 파리지옥의 두 장의 잎 안쪽에는 각각 세 가닥씩의 감각모가 있다. 파리가 이 감각모를 약 20초 이내에 두 번 건드리면 잎이 닫힌다. 한 번만에 닫히면 우연히 무엇인가가 떨어졌을 때에도 잎이 닫히게 되므로 두 번 이상 건들지 않으면 닫히지 않게 되어 있는 듯하다.

덧붙이면 갇힌 파리는 도망갈 곳을 찾아서 파리지옥의 감옥 속을 돌아다닌다. 그때 여러 차례 감각모를 건드리므로 잎은 그것을 느끼고 점점 더 잎을 꽉 닫는 것이다.

식물의 신경?

파리가 파리지옥의 감각모를 두 번 건드리면 잎의 표면에 있는 세포들이 급속히 확대되어 잎이 닫힌다. 이때 감각모에서 표면의 세포로 전기에 의한 신호가 전달된다. 이 때문에 식물에도 신경이 있는 것이 아닐까 하는 설도 있었다. 동물의 신경도 전기로 신호를 전달하기 때문이다.

그러나 정보를 전달할 때에 전기를 사용하는 동물의 세포가 신

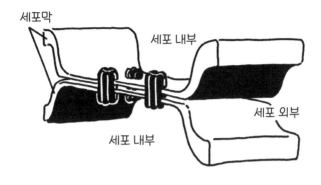

세포막

세포 내부

세포 외부

세포 내부

그림 8-2 갭 결합

경 세포만 있는 것은 아니다. 예를 들면 동물의 피부 표면에 줄지어 있는 상피 세포끼리는 단백질로 이루어진 관처럼 생긴 구조를 이용한 갭 결합(그림 8-2)으로 이어져 있다. 세포와 세포 사이에 약간의 틈(갭)이 있는 것이 특징이다. 이 갭 결합을 통해서 상피 세포는 바로 옆의 상피 세포와 정보를 주고받는데, 이때 전기 신호를 사용한다. 전기 신호를 사용하는 세포는 많으며, 신경 세포는 그중 하나일 뿐이다. 다만 신경 세포는 전기 신호를 매우 빠르게 전달하는 데에 가장 특화된 세포이다. 따라서 식물이 전기 신호를 사용한다고 해서 신경이 있다고 말할 수는 없다.

이와 관련해서 생각나는 것이 있는데, 식물에도 감정이 있다는 이야기이다. 지금으로부터 50년 정도 전에 식물에도 감정이 있다는 책이 영국에서 출판되어 베스트셀러가 되었다. 그 책의 저자는 감정을 나타내는 식물의 전기 신호를 측정했다고 주장했다. 그러나 전기 신호는 생물의 세계에서 널리 쓰이는 정보 전달 수단이며, 신경이나 그 집합체인 뇌만 사용하는 것은 아니다. 더구나 그 책의 저자가 소개한 연구는 매우 허술해서 그 결과를 전혀 믿을 수 없었다. 따라서 식물에 감정이 있다는 증거는 전혀 없다.

식물은 얼마나 오래 살까

이제 다른 이야기로 넘어가보자. 일본의 야쿠 섬에는 나이가 많기로 유명한 삼나무가 있다. 예를 들면 조몬이라고 이름이 붙은 높이 25.3미터의 거목의 나이는 7,200살로 추정되기도 한다. 그 나무의 나이는 지름(5.1미터)으로 추정한 것이다. 그러나 나무의 줄기가 굵어지는 속도는 같은 종이라고 해도 개체에 따라서 상당한 차이가 있기 때문에 이 추정치를 완전히 신뢰할 수는 없다.

조몬 삼나무의 중심부는 비어 있는데, 그 안쪽에서 채취한 목재의 연대를 방사성 탄소(118쪽)를 이용해서 측정해보니 2,170년 전이라는 값을 얻을 수 있었다. 측정에 사용된 목재를 채취한 위치가 줄기의 정확한 중심은 아니었으므로, 조몬이 실제 나이는 좀 더 많을 것이다. 그러나 안타깝게도 그 이상은 알 수 없다.

이 조몬 삼나무 근처에 다이오라고 불리는 삼나무가 있다. 다이오는 조몬보다는 작지만(높이 24.7미터, 지름 3.5미터), 방사성 탄소로 확인한 나이는 3,000년 이상으로 추정된다. 현재 알려진 바로는 이 다이오가 일본에서 가장 오래된 나무이다.

전 세계에는 더 오래된 식물도 있다. 미국의 해발고도 2,000-3,000미터 고지에서 자라는 브리슬콘 소나무이다. 높이가 3미터, 지름이 2미터 정도의 나무로 거목이라고 할 만큼 크지는 않다. 그러나 그중 므두셀라라고 불리는 나무 한 그루는 2010년대 초반에 이루어진 측정에 따르면 수령이 4,845년이었다.

이때까지는 프로메테우스라는 브리슬콘 소나무가 가장 나이가 많은 식물로 알려져 있었다. 프로메테우스는 1964년에 잘려나갔지만, 그 시점에 수령이 4,844년이었다. 2010년대 초반의 측정을 통해서 므두셀라가 프로메테우스보다 1년 더 산 것으로 밝혀졌다. 무드셀라는 아직 살아 있기 때문에 계속해서 장수 기록을 갱신할 것이다.

다만 지금까지 소개한 식물의 수명이 평균 수명이 아니라는 점을 잊지 말자. 가령 삼나무 중에서도 조몬이나 다이오처럼 오래 사는 개체는 매우 드물다. 야쿠 섬에도 발아한 지 1-2년 정도된 삼나무의 묘목들이 많이 있지만, 대부분은 묘목 단계에서 죽고 만다. 아니, 묘목조차 되지 못한 채 죽는 삼나무들도 많다. 하물며 조몬이나 다이오처럼 클 수 있는 것은 기껏해야 1,000년에 몇 그루뿐이다. 결국 삼나무의 평균 수명은 아마 1년 이하일 것이다. 그렇게 생각하면 삼나무보다 우리 인간이 더 오래 사는 셈이다.

식물의 나이를 측정하는 방법

여기에서 식물의 나이를 측정하는 방법을 간단히 살펴보기로 하자. 탄소는 생물의 몸을 만드는 주요한 원자이다. 탄소의 원자핵에는 6개의 양성자가 있다. 그러나 중성자는 6개에서 8개까지 있을 수 있다. 그 결과, 중성자의 개수에 따라서 세 종류의 탄소가 자연에 존재한다. 이처럼 양성자의 수는 같지만 중성자의 수가 다른 원자를 동위원소(isotope)라고 한다. 탄소의 동위원소 중에서 가장 많은 것이 중성자가 6개인 탄소 12(12는 양성자와 중성자를 더한 수)로, 지구 탄소의 약 99퍼센트를 차지한다. 두 번째는 탄소 13으로, 약 1퍼센트 정도를 차지한다.

탄소 14는 미량밖에 존재하지 않지만 앞에서 살펴본 두 동위원소와는 달리 방사성(radioactive)이다. 방사성이란 방사선을 방출함에 따라서 다른 원소로 변하는 성질을 일컫는다. 탄소 12나 탄소 13은 시간이 지나도 변하지 않는 안정적인 탄소이지만, 탄소 14는 방사선을 방출하면서 조금씩 질소 14로 변한다. 즉, 탄소 14는 점점 줄어든다. 탄소 14의 양이 처음의 절반이 되는 시간은 5,730년으로 정해져 있는데, 이 5,730년을 탄소 14의 반감기(半減期)라고 한다. 이 탄소 14를 이용하면 죽은 생물의 연대를 측정할 수 있다.

아무것도 하지 않으면 탄소 14는 조금씩 줄어들겠지만, 자연에서 탄소 14의 양은 일정하게 유지되고 있다. 왜냐하면 항상 대기 중에서 탄소 14가 만들어지기 때문이다. 우주선(cosmic rays : 우주에서 지구로 쏟아지는 높은 에너지의 미립자와 방사선/옮긴이)이 지구 대기에 돌입해서 질소 14와 충돌하면 질소 14가 탄소 14로 변한다.

식물은 광합성과 호흡을 한다. 그때 대기 중에서 탄소를 이산화탄소의 형태로 흡수하거나 대기 중에 방출하기도 한다. 즉 탄소는 대기와 식물 사이를 계속해서 흐르고 있다. 따라서 식물의 탄소 14의 비율은 대기와 같아진다(참고로 동물의 탄소 14 비율도 대기와 같다. 동물은 직접 혹은 간접적으로 식물을 먹으면서 살아가기 때문이다).

그런데 식물이 죽으면(고사하면) 이야기가 달라진다. 죽은 식물은 더 이상 광합성이나 호흡을 하지 않는다. 따라서 식물 속의 탄소는 외부와의 순환이 없어지고 이내 고립된다. 그러면 식물 속의 탄소 14는 천천히 감소하기 시작한다. 따라서 죽은 생물 속의 탄소 14의 양을 재보면 그 생물이 죽은 지 얼마나 오래되었는지를 결정할 수 있다. 이것이 방사성 탄소에 의한 연대측정법의 원리이다.

미국의 브리슬콘 소나무의 수령은 나이테 연대 측정법(연륜연대학)으로 추정되었다. 연륜연대학은 단순히 수령을 세는 학문이 아니다.

나무의 나이테 폭은 꼭 일정하지만은 않다. 가령 여름은 매년 되풀이되지만 해에 따라서 무척 더운 여름이 있고 비교적 덜 더운 여름도 있을 것이다. 비가 많이 내리는 해가 있는가 하면 적게 내리는 해도 있을 것이다. 그런 기후 변화에 따라서 나이테의 폭이 달라진다. 그렇기 때문에 나이테의 패턴을 부분적으로만 보아도 그 나이테가 몇 년 전부터 몇 년 전까지 만들어졌는지를 결정할 수 있다.

또한 살아 있는 나무뿐만 아니라 유적 등에서 출토된 나무를 이용해서 나이테의 패턴을 이으면 경우에 따라서는 1만 년 정도 전까지 거슬러올라가서 나이테의 패턴을 결정할 수도 있다. 브리슬콘 소나무의 수령은 이 나이테 연대 측정법으로 추정했기 때문에 정확한 수령을 산출할 수 있었던 것이다.

나무의 대부분은 살아 있을 때부터 죽어 있다

식물은 동물에 비해서 매우 오래 살기도 한다. 어떻게 그런 일이 가능할까?

나무의 줄기 속에는 물을 주로 운반하는 물관(vessel : 속씨식물의 물관부에서 물의 통로 역할을 하는 조직/옮긴이)과 헛물관(tracheid : 겉씨식물이나 양치식물에서 물의 통로 역할을 하는 조직/옮긴이), 광합성으로 만들어진 유기물을 주로 나르는 체관

(sieve tube)이 있다. 이 관들은 수많은 세포들이 연결되어 하나의 관을 이룬 것이다. 그런데 식물의 세포는 바깥쪽이 단단한 세포벽으로 막혀 있다. 따라서 단순히 세포만 연결해서는 물과 유기물이 세포와 세포 사이를 통과할 수 없다.

가령 체관의 경우에는 이웃한 세포와 맞닿아 있는 세포벽에 작은 구멍들이 수없이 뚫려 있는데, 그곳을 통해서 물질이 지나간다. 구멍이 많이 나 있는 이 세포벽이 체처럼 보인다고 해서 체관이라고 부른다. 광합성으로 생산된 유기물은 이 구멍을 통해서 이웃 세포로 들어가고, 그 세포에 녹아든다. 그후 다음 구멍을 통해서 그다음 세포로 옮겨가고, 이것을 반복함으로써 물과 유기물 등을 운반한다.

그런데 한 계산에 따르면, 광합성으로 1그램의 유기물을 만들기 위해서는 뿌리부터 잎까지 물을 250그램이나 운반해야 한다고 한다. 이 값은 종에 따라서 다르겠지만, 어쨌든 유기물보다 훨씬 많은 양의 물을 옮겨야 하는 셈이다.

이를 위해서 물관이나 헛물관의 세포는 속이 텅 비어 있다. 다시 말해서 죽어 있다. 이는 죽어 있는 편이 물을 많이 나를 수 있기 때문이다. 물관에서는 세포의 위아래에 구멍이 나 있기 때문에 많은 세포들이 하나의 파이프처럼 연결되어 있다. 한편 헛물관은 세포 옆에 구멍이 나 있다. 물은 수많은 세포 속을 구불거리면서 나아간다(그림 8-3).

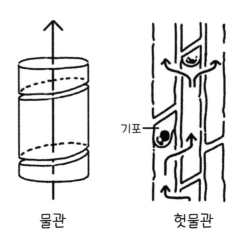

물관　　　　　헛물관

그림 8-3 물관과 헛물관(『식물은 어떻게 5,000년이나 살 수 있을까?』를 수정)

이처럼 나무에는 죽은 세포가 꽤 있는데, 이것들은 나무의 줄기가 굵어질수록 많아진다. 줄기가 굵어지면 중심부에 있는 물관이나 헛물관에서는 물을 통과시키는 구멍이 막힌다. 그래서 물이 잘 스며들지 않고 잘 썩지 않게 된다. 또 중심부 전체에 타닌 (tannin) 같은 물질들이 스며들어서 벌레와 세균의 번식을 예방한다. 그후 물관이나 헛물관 주위에 살아 있던 세포도 죽고, 나무의 중심부에는 완전히 죽은 세포만 남게 된다. 나무가 죽은 이 부분을 심재(心材)라고 하고, 주위의 살아 있는 부분(이 안에도 물관이나 헛물관과 같은 죽은 세포가 있다)을 변재(邊材)라고 한다(그림 8-4). 심재는 나무를 지탱하는 역할을 한다. 죽어서도 살아 있는 부분에 도움을 주는 것이다.

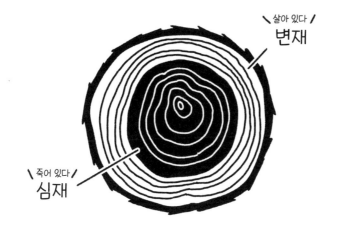

그림 8-4 변재와 심재

줄기가 굵어짐에 따라서 변재는 점점 바깥쪽으로 이동하고 심재는 점점 굵어진다. 따라서 나무는 잘려나가도 크게 달라지지 않는다. 살아 있을 때부터 대부분이 죽어 있기 때문이다.

나무는 오래 산다고 하지만 살아 있는 부분은 줄기 바깥쪽으로 점점 옮겨간다. 같은 부분이 계속 살아 있는 것이 아니다. 때문에 수천 년이나 살아 있는 브리슬콘 소나무도 세포의 수명은 기껏해야 30년 정도라고 한다. 이렇게 생각하면 식물이 장수를 하는 것인지 아닌지 알 수가 없게 된다.

미국의 모하비 사막에서 자라는 식물 중에 무려 1만1,700년이나 산 크레오소트 덤불이 있다고 한다. 이것이 사실이라면 브리슬콘 소나무의 2배 이상을 산 셈이다. 하나의 씨앗에서 발아한 크

그림 8-5 크레오소트 덤불

레오소트 덤불은 주변으로 가지를 뻗거나 뿌리를 내리면서 동심원 모양으로 자란다. 그렇게 주변으로 퍼져나가면서 중심의 낡은 줄기는 말라서 죽는다. 실제 식물체 자체는 1,000년도 되지 못해서 말라버리지만 주변으로 새로 뻗어나간 가지와 뿌리는 살아 있다. 때문에 긴 시간 동안 살아온 크레오소트 덤불은 중심의 식물체는 죽은, 도넛 모양의 수풀이다(그림 8-5). 이것을 발아한 이후 계속 살아온 한 개체의 식물이라고 생각할 수 있을까?

뭐, 나무 역시 줄기 중심부의 심재는 죽어 있고, 썩어서 없어진 경우도 있다. 살아 있는 것은 주위의 변재뿐이다. 그렇게 생각하면 크레오소트 덤불을 연속된 하나의 개체로 인정하지 않는 것이 불공평하다는 생각이 든다. 그러나 크레오소트 덤불을 하나의 개체로 인정한다면 꺾꽂이로 번식한 식물은 어떻게 보아야 할까?

한 나무의 가지를 꺾어서 그 가지를 땅에 꽂는다. 만약 그 가지가 뿌리를 내리면 다시 새로운 나무로 성장한다. 이렇게 꺾꽂이로 늘어난 식물도 원래 식물의 일부였으니 원래 식물과 동일한 개체로 생각할 수 있지 않을까? 하지만 그렇게 되면 식물의 수명은 영원한 것이 된다.

이런 것을 진지하게 생각해봐도 큰 의미는 없을지 모른다. 다만 생물에게 훌륭한 다양성이 있음은 분명히 말할 수 있다. 우리의 수명과 식물의 수명을 비교하는 것 자체가 애초에 어려울 것이다. 모든 것을 우리의 척도로 측정할 수는 없는 것이다.

제9장

식물은 빛을 찾아서
성장한다

살기 위해서는 에너지가 필요하다

제8장에서는 식물도 움직인다는 사실과 식물이 오래 산다는 이야기를 했다. 이 장에서는 식물의 가장 큰 특징인 광합성에 관해서 살펴보기로 하자.

생물이 살아가기 위해서는 두 가지 이유로 에너지가 필요하다.

첫 번째 이유는 생물이 산일 구조라는 데에 있다. 생물이나 가스 난로의 불꽃과 같은 산일 구조는 에너지를 계속 흡수하지 않으면 원래의 형태를 유지할 수 없다.

두 번째 이유는 생물이 움직인다는 데에 있다. 식물은 크게 움직이지 않지만 생장이나 화학반응을 움직임에 포함하면 식물도 계속 움직이고 있는 셈이다.

다시 말해서, 생물은 형태를 유지하면서 움직이기 위해서 항상 에너지가 필요하다.

그렇다면 생물은 어떻게 에너지를 얻을까?

장작불을 생각해보자. 장작을 태우면 열 에너지가 나온다. 탄다는 것은 급속히 산소와 결합하는 것이므로 다음과 같이 나타낼 수 있다.

(1) 장작 + 산소 ➡ 반응 생성물(이산화탄소 등) + 에너지

장작은 원래 나무라는 생물이었기 때문에 유기물로 되어 있다. 유기물의 주성분은 탄소(C)이다. 그래서 유기물 대신 C라고 쓰고, 산소 대신 O_2라고 쓰면 다음과 같다.

(2) $C + O_2$ ➡ CO_2 + 에너지

다만 유기물은 탄소로만 구성되어 있지 않다. 따라서 유기물 대신 C라고 쓰는 것은 조금 심한 비약이다. 게다가 (2)의 식에서는 유기물 속에 탄소가 고립되어 있는 것처럼 보이는데, 실제로는 다른 원자와 결합한 분자의 형태로 존재한다. 그래서 (2)의 식은 실제로 장작이 타는 반응과는 조금 다르다.

그러나 이 두 가지를 기억해둔다면, 다시 말해서 (2)의 식이 현실을 단순하게 표현한 것임을 알고만 있다면 (2)의 식을 쓰는 것이 편리하므로 사용해도 좋을 것이다.

생물이 에너지를 얻는 대표적인 방법은 산소 호흡이다. 산소 호흡도 단순화하면 무엇인가를 태우는 것과 마찬가지로 (2)의 식으로 나타낼 수 있다. 물론 생물의 몸속에서는 유기물이 불꽃을 일며 타지는 않으며, 반응이 좀더 천천히 진행된다. 그래도 기본 구조는 연소와 같아서 유기물을 산화해서 이산화탄소를 만들 때

에 에너지가 발생한다.

"○○을 산화한다"는 것은 정확하게는 "○○에서 전자를 빼앗는 것"이지만, 여기에서는 "○○에 산소를 결합시키는 것"이라고 보면 된다. 어떤 원자에 산소 원자가 결합하면 그 원자의 전자 일부가 산소 원자 쪽으로 끌려가기 때문이다.

"○○을 산화한다"의 반대는 "○○을 환원한다"이다. "○○을 산화할" 때와 마찬가지로 "○○을 환원한다"는 것은 정확하게는 "○○에게 전자를 주는 것"인데, 여기에서는 "○○에서 산소를 얻는 것"이라고 생각하자.

생물이 살아가기 위해서는 유기물이 필요하다. 생물은 유기물을 산화해서 에너지를 얻어야 한다. 우리 동물은 스스로 유기물을 만들지 못하기 때문에 다른 생물을 먹어서 유기물을 얻을 수밖에 없다. 그러나 식물은 스스로 유기물을 만들 수 있다. 태양의 빛 에너지를 이용해서 이산화탄소(CO_2)를 환원하여 유기물(C)을 만든다. 그때 남은 산소(O_2)는 버린다. 이것이 광합성이라고 부르는 현상으로, 정확히 (2)의 식과 반대인 (3)의 식이 된다(실제 광합성은 좀더 복잡해서 산소가 이산화탄소에서 직접 생기는 것이 아니라 물을 산화해서 생기는데, 여기에서는 단순화했다).

(3) 빛 에너지 + CO_2 ➡ C + O_2

그런데 광합성만이 유기물을 만드는 방법은 아니다. 화학합성으로 유기물을 만드는 생물도 있다. 예를 들면 메탄 생성 세균은 햇빛이 닿지 않는 심해의 열수 분출구에서 서식한다. 따라서 햇빛이 아니라 해저에서 내뿜는 열수에 의해 암석에서 생기는 수소를 이용해서 이산화탄소를 환원한다.

그렇다고는 해도 대부분 생물의 에너지는 광합성에 의해서 조달된다. 오늘날 지구에서 생물이 번성할 수 있는 것은 광합성 덕분이다.

엽록체의 기원

식물의 광합성은 세포 속의 엽록체를 통해서 이루어진다. 엽록체는 원래 다른 생물이었던 남조류(세균)가 녹조(진핵생물)의 세포 속에 들어와서 공생을 시작하면서 이루어진 것으로 알려져 있다. 이후 녹조의 일부가 세포 내에 엽록체를 지닌 채 식물(진핵생물)로 진화했다. 그래서 식물의 엽록체도 원래는 남조류였을 것으로 간주된다. 이 이야기는 아마 기본적으로는 맞겠지만, 오해를 받는 경우도 많다.

만약 남조류가 식물의 선조인 진핵 세포(진핵생물의 세포)에 들어와서 공생을 시작한다면 어떤 일이 벌어질지 생각해보자. 진핵 세포 안에 있는 남조류는 단백질, 지질, 유전자(DNA) 등으로 구성되어 있다. 그러나 진핵 세포가 분열해서 다음 세대가 되면, 남조류의 단백질이나 지질의 총량은 줄어들 것이다.

그래도 남조류의 유전자가 있으면 진핵 세포 속에서 새롭게 남조류의 단백질과 지질을 만들 수 있다. 그러면 남조류는 남조류대로 살아가면서 공생을 이어갈 수 있다.

다만 현재 남조류의 유전자 대부분은 남조류의 몸에서 나와 진핵 세포의 핵 속으로 들어간 이후 진핵 세포의 유전자와 하나가 된다. 남조류에 남아 있는 것은 원래 DNA의 10분의 1 정도이다. 따라서 이제 남조류는 진핵 세포 밖으로 나가서는 살 수 없다. 그러나 설령 핵 속에 있더라도 그것이 남조류의 유전자라면 남조류는 진핵 세포 속에서 계속 살 수 있다.

여기까지는 좋다. 그러나 실제로 살펴보면 진핵 세포 안에 있는 남조류와 같은 것(즉 엽록체)을 만드는 유전자의 모두가 남조류의 유전자는 아니다. 상당히 많은 유전자가 진핵 세포의 유전자이고, 그것과는 별개로 남조류가 아닌 세균의 유전자도 꽤 있다.

인간의 경우 부모나 조부모가 외국인이라면 그 자녀나 손자를 혼혈이라고 한다. 그리고 보면 엽록체는 혼혈이다. 남조류의 순수 자손만이 아니라 다른 세균이나 진핵생물의 유전자도 섞여 있기 때문이다.

더구나 DNA를 데이터로 한 계통수를 통해서 볼 때에 엽록체의 주요 조상은 남조류가 아니라 남조류의 조상일 가능성도 있다.

똑같이 남조류라고 부르더라도 여러 종이 있고, 그 모든 공통 조상보다 더 오래 전에 나뉜 세균이 진핵 세포와 공생을 시작했는지 모른다. 남조류도, 남조류의 조상도 비슷하다고 생각할 수 있다. 그러나 남조류와 남조류의 조상은 다른 생물이다. 여러분의 조상은 물고기였지만 여러분은 물고기가 아니지 않은가. 여러분과 여러분의 조상은 다르다.

엽록체는 단순히 진핵생물과 남조류의 공생으로 이루어진 것만이 아닌 듯하다. 여러 유전자들이 섞여 있는 이유는 정확히 밝혀지지 않았다. 하나의 가능성은 유전자가 바이러스 등에 의해서 다른 종으로 이동하는, 수평 진화가 일어났을 수 있다는 것이다 (부모에게서 자손에게 전해지는 것을 "수직", 부모와 자손의 관계가 아닌 다른 개체에게 전해지는 것을 "수평"이라고 한다). 진화는 상당히 복잡하고 역동적인 현상이다.

높이 자라는 식물

광합성을 할 때에는 햇빛을 이용하므로 키가 큰 것이 유리하다. 그래서 식물은 키가 가장 큰 생물이 되었다. 일본에서 가장 키가 큰 나무는 교토에 있는 하나세의 "세 그루의 삼나무" 가운데 한 그루로, 키가 62.3미터이다. 덧붙여서 거목은 산속의 자연이 보존된 곳보다 도시에 더 많은 것 같다. 생각해보면 동물도 야생에서 살아가는 것보다 동물원에서 사는 동물들이 의외로 더 오래 산다. 마찬가지로 나무도 인간에게 적절히 관리되는 편이 장수할 수 있을 것이다. 교토 하나세의 "세 그루의 삼나무"도 부조 절의 신목(神木)이라고 한다.

세계에서 가장 키가 큰 나무는 미국 캘리포니아 주에 있는 세쿼이어로, 그 높이는 115.5미터이다.

식물이 이렇게 높이 자랄 수 있다는 것은 옛날부터 신기하게 여겨져왔다. 어떻게 물을 그렇게 높은 곳까지 옮길 수 있는지 알 수 없었기 때문이다.

가장 떠올리기 쉬운 방법은 대기압을 통해서 물을 끌어올리는 것이다. 우선 컵을 물에 담그고 컵 속을 물로 채운다. 그리고 컵을 거꾸로 돌려서 컵의 바닥이 수면 위로 나오도록 한다. 그러면 컵 속의 수면이 바깥쪽 수면보다 높아진다. 이는 컵 바깥쪽 수면을 대기가 누르고 있기 때문이다. 수면을 누르는 이 힘을 대기압이라고 하는데, 이것이 상당히 강하다. 매우 가늘고 긴 컵으로 동일한 과정을 거치면 컵 속의 수면이 10.3미터 높이까지 올라가는 것을 볼 수 있다.

그러나 키가 10미터가 넘는 나무는 얼마든지 있다. 100미터가 넘는 나무도 있다. 그런 높은 나무의 꼭대기까지 물을 운반하는 것은 대기압만으로는 힘들다.

겉씨식물은 왜 크게 자랄 수 있을까

키가 큰 나무의 속을 물이 올라가는 원리에는 사실 몇 가지가 있지만, 가장 중요한 것은 물의 응집력이다.

물 분자는 2개의 수소 원자와 1개의 산소 원자가 결합한 것이다. 그 형태는 정확히 미키 마우스의 머리를 닮았다(그림 9-1). 귀가 수소 원자이고 얼굴이 산소 원자이다. 그리고 수소 원자가 가지고 있는 전자는 산소 원자 쪽으로 얼마간 당겨지고 있다. 그래서 물 분자를 보면 양전기는 미키 마우스 귀 쪽에 조금 많고 음전기는 얼굴 쪽에 조금 많이 분포하고 있다. 물 분자 전체적으로는 양과 음의 전기가 상쇄되어서 전기를 띠지는 않지만, 물 분자 안의 양전기와 음전기의 분포는 치우쳐 있는 것이다.

그 때문에 물 분자와 물 분자는 그 양전기 부분과 음전기 부분에서 서로를 끌어당긴다. 이렇게 물 분자끼리 달라붙는 힘을 응집력이라고 한다. 응집력은 매우 강하여 가느다란 파이프에 들어 있는 물을 이론적으로는 450미터나 끌어올릴 수 있다. 이에 따라서 나무 윗부분의 잎에서 물이 증발하면 물 분자는 서로 떨어지지 않기 위해서 위쪽이 아래로부터 물을 끌어올리는 것이다.

다만 응집력으로 물을 나무의 끝까지 끌어올리기 위해서는 가느다란 관 속의 물이 아래에서 위까지 연결되어 있어야 한다. 중간에 물기둥이 끊어지면 위쪽의 물이 아래쪽 물을 끌어당길 수 없다.

확실히 친숙해…

그림 9-1 물 분자

　이것은 식물에게는 곤란한 문제이다. 실제로 물기둥이 끊어지는 경우도 있는데, 대부분은 물이 얼었을 때이다. 물이 얼면 그때까지 물에 녹아 있던 공기가 얼음 결정 속으로 들어가지 못하고 결정에서 쫓겨난다. 그러면 얼음 속에 공기 거품(기포)이 생긴다. 이 기포는 얼음이 녹아 다시 물이 되었을 때에도 그대로 남아서 물기둥이 끊어지게 한다.

　여기에서 간단히 식물의 분류에 대해서 살펴보자. 식물은 크게 이끼식물과 양치식물, 종자식물 세 가지로 나뉜다. 또 종자식물은 겉씨식물과 속씨식물로 나뉜다. 진화적으로 가장 새롭게 출현한 것은 속씨식물이고, 현재 가장 종수가 많고 번영하고 있는 것도 속씨식물이다.

　그러나 키가 큰 식물 중에는 속씨식물이 아닌 겉씨식물들이 많다. 방금 소개한 세계에서 가장 키가 큰 세쿼이어도, 일본에서 가장 큰 삼나무도 겉씨식물이다. 여기에는 이유가 있다.

속씨식물들은 많은 경우 물을 끌어올리기 위해서 물관을 이용한다. 앞의 장에서 말했지만 물관의 세포는 속이 비어 있고 위아래에 구멍이 나 있다. 다시 말해서, 하나의 파이프로 되어 있다.

한편 상당수의 속씨식물은 헛물관으로 물을 끌어올린다. 헛물관의 세포도 속은 비어 있지만 가느다란 세포가 많이 모여 있고 각각의 세포 옆에 구멍이 나 있다. 그리고 물은 옆에 나 있는 구멍을 통해서 수많은 세포 속을 구불거리며 나아간다.

물관은 굵고 곧아서 많은 물을 운반할 수 있다. 그러나 굵은 관은 기포가 생기기 쉽다. 기포가 생긴 물관은 더 이상 사용할 수 없다. 반면 헛물관은 가늘고, 물이 구불거리며 나아가므로 운반할 수 있는 물의 양이 적은 대신 세포가 가늘어서 기포가 잘 생기지 않는다. 또한 물길이 여러 개 있어서 기포가 몇 개 생겨도 계속 사용할 수 있다.

다시 말해, 물관에 비해서 헛물관은 성능은 다소 떨어지지만 안정성은 우수하다. 키가 매우 큰 나무는 자라는 데에 시간이 걸리고 물을 실어 나르는 파이프도 길어진다. 따라서 키가 큰 나무에게는 성능이 좋은 물관보다 안정성이 높은 헛물관이 적합할 것이다. 이른바 거목이라고 불리는 것들 중에 겉씨식물이 많은 것은 이 때문이라고 생각할 수 있다.

진화는 진보가 아니다. 겉씨식물보다 시대적으로 뒤에 나타난 속씨식물이 더 뛰어난 것은 아니다. 각각에 적합한 환경도 있고, 열악한 환경도 있다.

제10장

동물에게는
앞과 뒤가 있다

앞이란 무엇일까

우리 인간은 동물이다. 우리 자신이 동물이기 때문에 동물은 우리에게 가장 친근한 생물이다. 그런 동물의 특징 중의 하나는 앞과 뒤가 있다는 것이다. 식물에는 앞이나 뒤가 없지만 개나 물고기를 보면 어느 쪽이 앞이고 어느 쪽이 뒤인지 바로 알 수 있다.

그런데 앞이란 무엇일까? 우리는 동물의 무엇을 보고 앞이라고 생각하는 것일까?

동물은 움직이는 생물이다. 간혹 따개비처럼 거의 움직이지 않는 것도 있지만 대부분의 동물은 움직인다. 그럼 움직이는 쪽이 앞일까?

사실 그것이 맞다. 움직이는 쪽이 앞이다. 그러나 이야기는 그것만으로 끝나지 않는다.

확실히 개가 달리거나 물고기가 헤엄칠 때에는 어느 쪽이 앞인지 한눈에 알 수 있다. 그러나 개나 물고기가 가만히 있을 때에도 우리는 어느 쪽이 앞인지 알 수 있다. 그 이유는 무엇일까? 눈이 있는 쪽이 앞일까? 심해어와 같은 경우에는 눈이 없기도 하지만 그래도 어느 쪽이 앞인지 바로 알 수 있다. 눈이 아니라면 무엇을 보고 어느 쪽이 앞인지 알 수 있을까?

그 의문에 답하기 위해서 조금 관점을 바꾸어 동물의 알이 성체가 되는 과정에 대해서, 즉 발생에 관해서 살펴보자.

수정란에서 성체로

동물의 발생은 난자와 정자가 수정되는 순간부터 시작된다. 난자나 정자는 단순한 세포일 뿐 이것에 한 마리의 동물이 될 수 있는 힘은 없다. 그러나 난자와 정자가 융합된 수정란은 한 마리의 동물이 될 힘을 가지고 있다. 따라서 우리의 인생은 수정란에서부터 시작된다.

그런 이유로 우리는 다세포 생물이면서도 누구든 처음에는 수정란이라는 단세포 생물이다. 이 수정란이 세포분열을 시작한 발생 초기의 생물을 배아(embryo)라고 한다. 발생의 어느 단계까지를 배아라고 할지는 명확하게 정해져 있지 않지만, 밖에서 영양을 섭취하게 될 때까지를 배아라고 부르는 경우가 많다.

발생 방법은 종에 따라서 크게 다르지만, 여기에서는 전형적인 동물의 발생 방법을 살펴보기로 하겠다(그림 10-1). 수정란이 세포분열을 시작하면 얼마 지나지 않아서 배아 내부에 빈 공간인, 액체가 들어 있는 포배강(blastocoele)이 생긴다. 이 시기의 배아를 포배라고 한다.

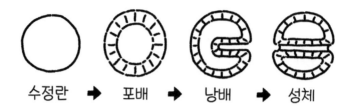

수정란 ➡ 포배 ➡ 낭배 ➡ 성체

그림 10-1 단순화된 동물의 발생

발생에서 빈 공간은 중요하다. 한 예로 방 안의 가구를 재배치한다고 생각해보자. 만약 바닥에서 천장까지 물건들이 **빼곡하게** 쌓여 있다면 방의 가구나 물건을 다시 배치할 수 없다. 물건을 움직일 수 없기 때문이다. 그러나 방 안에 공간이 있으면 물건을 일단 그 공간으로 이동시킬 수 있다. 그러면 그 물건이 있던 곳에 새롭게 공간이 생기므로 다시 그곳으로 물건을 이동시킬 수 있다. 이것을 반복하면 가구의 재배치가 가능하다. 배아의 경우에도 마찬가지이다. 배아 속에 공간이 생김으로써 세포가 역동적으로 이동하는 것이 가능해진다. 그리고 세포가 이동할 수 있기 때문에 다양한 모양을 만들 수도 있다.

그후에 포배의 표면 한 곳이 움푹 파여서 내부로 함몰된다. 이 단계의 배아를 낭배(gastrula)라고 부른다. 내부로 푹 파인 관은 원장(archenteron)이라고 하며, 파이기 시작한 부분에 뚫린 구멍을 원구(primitive groove)라고 한다. 원장은 역동적인 운동을 계

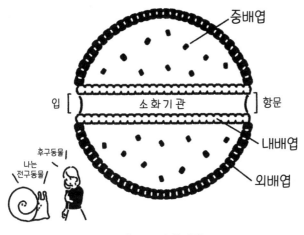

그림 10-2 소화기관

속해서 마침내 배아의 반대쪽 세포층에 이른다. 그리고 그곳의 세포와 연결되어서 구멍을 만든다. 즉 중앙에 구멍이 관통한 공과 같은 형태가 되는 것이다. 이 단계를 성체라고 하며, 이 구멍이 소화기관이 된다(그림 10-2).

동물은 식물과 달리 광합성을 할 수 없기 때문에 그 대신 음식을 먹어야 한다. 그리고 먹은 음식을 소화기관에 넣어서 흡수해야 한다. 움직이지 않고 가만히 있는다고 해서 음식이 알아서 소화기관 속으로 들어가지 않는다. 그래서 어쩔 수 없이 동물은 움직이게 되었다.

움직이는 방법에는 두 가지 길이 있다. 소화기관은 양쪽에 구멍이 나 있으므로 어느 쪽으로든 움직여도 되기 때문이다. 따라서 같은 동물들 중에서도 원래는 원구였던 쪽으로 움직이는 개체와 그 반대로 움직이는 개체들이 나타났다. 어느 방향으로 움직이든 음식은 소화기관의 한쪽에서 들어와서 반대쪽으로 나가게 된다. 이 들어오는 쪽의 구멍을 입이라고 하고, 나가는 쪽의 구멍을 항문이라고 한다. 이에 따라서 동물은 두 가지로 나뉜다. 원구가 입이 된 전구동물(protostomia)과 원구가 항문이 된 후구동물(deuterostomia)이다.

참고로 우리 인간은 후구동물이다. 후구동물 중에서도 척삭동물, 그중에서도 척추동물이다. 척삭과 척추는 모두 몸을 관통하는 막대기 구조인데, 척삭은 유기물로 되어 있지만 척추는 뼈로 되어 있어서 재질이 다르다. 척추동물에는 어류, 양서류, 파충류, 조류, 포유류가 포함되며, 우리는 포유류이다(덧붙이자면 척삭동물이지만 척추동물이 아닌 것으로는 멍게와 창고기가 있다). 한편 새우, 게, 곤충 등의 절지동물과 문어, 오징어, 쌍각류 조개, 고둥류 등의 연체동물은 전구동물이다.

동물이 움직이는 이유는 소화기관 속에 음식을 넣기 위해서이다. 따라서 나아가는 쪽에 입이 있다. 그리고 나아가는 쪽을 앞이라고 한다. 다시 말해서 입이 있는 쪽이 앞이다. 이것이 동물이 움직이지 않아도 앞뒤를 알 수 있는 이유이다. 눈도 아니고 코도 아닌 입이 있는 쪽이 앞이다.

몸의 바깥쪽과 안쪽

동물 몸의 기본 구조는 중앙에 소화기관이 관통한 공과 같다고 설명했다. 이런 구조라면 동물의 몸을 두 부분으로 나눌 수가 있다. 몸의 바깥 부분과 몸의 안쪽(소화기관) 부분이다. 이 바깥 부분을 "외배엽", 안쪽 부분을 "내배엽"이라고 한다. 또 원장의 세포분열로 생긴 세포가 외배엽과 내배엽 사이로 이동하면 그것을 "중배엽"이라고 한다.

이들 3개의 배엽에서는 각기 다른 기관이 형성된다. 예를 들면 내배엽에서는 소화기관이 만들어진다. 다만 우리 인간의 소화기관은 단순한 관이 아니다. 관의 일부가 부풀어올라서 주머니가 되는데, 소화기관에는 이런 주머니가 여러 개 연결되어 있다(그림 10-3). 실질기관(parenchymal organ)이라고 부르는 이 주머니들로는 침샘, 간과 췌장 등이 있다. 이들 역시 내배엽에서 만들어진다.

또 호흡을 위한 기관인 허파도 거의 내배엽에서 만들어진다. 허파는 소화에는 관여하지 않지만 이 역시 소화기관과 연결된 주머니이기 때문이다. 그래서 음식이 잘못해서 (허파로 이어지는) 기관을 막는 사고가 일어나기도 한다.

외배엽에서 생기는 신체기관으로는 표피가 있다. 외배엽은 몸의 가장 바깥쪽이므로 이는 자연스러운 일이다. 감각기관이나 신

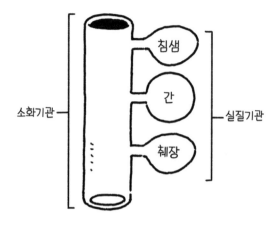

그림 10-3 소화기관과 간, 췌장

경도 대부분 외배엽에서 만들어진다. 감각기관은 외부의 정보를 얻기 위한 기관이고, 그 정보를 전달하거나 처리하는 신경은 감각기관과 연결되어 있다. 따라서 외배엽에서 만들어지는 것이다.

중배엽에서는 뼈나 혈액과 관련된 기관이 만들어진다. 뼈로 몸을 지탱하거나 움직일 필요가 있는 것은 몸집이 큰 동물이다. 따라서 중배엽에서 뼈가 만들어지게 된 것은 동물의 몸집이 커진 것과 관련이 있어 보인다. 그러나 몸집이 커진 것과 혈액은 그 이상으로 밀접한 관계가 있는 듯하다.

동물은 다세포 생물로, 모든 세포에 산소와 영양을 운반해야 한다. 몸집이 작거나, 면적은 커도 카펫처럼 두께가 얇으면 이를 쉽게 운반할 수 있다.

물에 잉크를 한 방울 떨어뜨렸을 때를 생각해보자. 막 떨어진 잉크는 아직 떨어진 곳에 모여 있다. 그러고는 천천히 주위로 퍼지기 시작한다. 이것은 바람이 불거나 누군가 물을 흔들었기 때문이 아니다. 분자나 원자가 스스로 열 운동을 하고 있기 때문이다. 그러므로 아무리 물이 흔들리지 않게 조심해도 잉크가 퍼지는 것을 막을 수는 없다. 이 물리 현상을 확산이라고 한다.

만약 동물의 몸이 작거나 얇으면 몸 표면에서 흡수한 산소와 영양을 확산만으로도 몸속까지 전달할 수 있다. 그러나 몸집이 커지면 그렇게 간단하지가 않다. 확산은 멈출 수 없지만 속도가 더뎌진다. 따라서 몸집이 큰 동물의 몸 안쪽 세포에는 아무리 기다려도 산소와 영양이 운반되지 못하고, 그러는 사이에 세포는 죽어버린다. 이래서야 큰 동물은 살아남을 수가 없다.

그러면 어떻게 해야 할까? 억지로 산소나 영양을 몸속 깊은 곳까지 전달할 수밖에 없다. 그러려면 혈관을 만들고 그 안에 혈액을 흐르게 해서 심장이라는 펌프로 혈액을 강제로 몸속까지 보내주면 된다. 혈액이 산소와 영양을 운반해주기 때문이다.

다양한 동물

지금까지 동물이란 무엇인가를 간단하게 설명했다. 이 설명은 많은 동물들에 해당되지만, 사실 모든 동물에게 해당되는 것은 아니다. 지금까지의 이야기를 적용할 수 있는 것은 동물들 중에서도 좌우대칭동물(bilateria)이라고 불리는 것, 그중에서도 몸이 외배엽, 중배엽, 내배엽으로 나뉘는 삼배엽 동물뿐이다. 무엇보다도 동물이라고 할 때에 많은 사람들이 머리에 떠올리는 동물은 대부분 삼배엽성 좌우대칭동물일 것이다. 앞에서 예로 든 척추동물이나 절지동물, 연체동물은 모두 삼배엽성 좌우대칭동물이다.

동물은 크게 좌우대칭동물과 비좌우대칭동물로 나뉜다.

우리 인간의 몸은 대체로 좌우대칭이다. 오른손과 왼손, 오른쪽 눈과 왼쪽 눈 등 좌우가 대칭인 부분이 많기 때문이다. 그렇다고 해도 심장은 왼쪽이나 오른쪽 중의 하나(대부분의 사람들은 왼쪽)밖에 없고, 뼈나 간의 형태도 완전히 좌우대칭은 아니다. 그러나 전체적으로 보면 좌우대칭동물의 몸은 대체로 좌우가 대칭을 이룬다. 앞과 뒤가 분명한 것은 좌우대칭동물뿐이다.

한편 그렇지 않은 동물도 있다. 가령 해면동물은 비좌우대칭동물이다. 해안에 가면 흔히 갈색 스펀지 같은 것이 떨어져 있는데, 그것이 해면동물이다(물론 이미 죽었지만). 해면동물의 형태는 여러 가지이지만 항아리 모양으로 바다의 밑바닥에 붙어서 생활하는 것이 보통이다. 항아리의 벽에는 작은 구멍들이 수없이 뚫려 있는데, 이 구멍들로 외부에서 물과 영양분을 흡수해서 항아리 안으로 받아들인다. 그리고 결국에는 항아리 위의 커다란 구멍을 통해서 물을 밖으로 뿜는다.

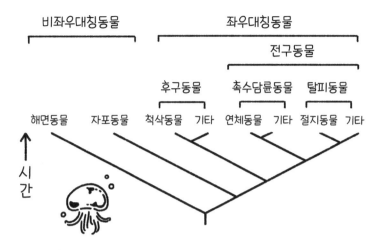

그림 10-4 동물의 계통수

　해면동물의 몸은 외배엽, 중배엽, 내배엽 등의 배엽으로 나뉘지 않는다. 형태도 다양하기 때문에 좌우대칭동물 무리에 포함시키지 않는다.

　해면동물 이외에 유명한 비좌우대칭동물로는 해파리와 말미잘이 속한 자포동물이 있다. 해파리는 작은 바늘로 동물 등 목표물을 쏘는데, 그 바늘이 있는 세포를 자포라고 한다. 아마도 바다에서 헤엄을 치다가 해파리에 쏘인 적이 있는 사람이 있을 것이다.

　그림 10-4는 동물의 계통수(진화의 경로)를 간략하게 나타낸 것이다.

고등 동물도 하등 동물도 없다

오늘날 생존하는 다양한 동물 중에서 해면동물은 비교적 초기 동물과 비슷한 것으로 여겨진다. 배엽도 분화하지 않았고 좌우대칭의 몸 구조도 진화하지 않았기 때문이다. 게다가 신경 세포나 근세포(근섬유)도 없다. 그러나 해면동물도 다른 동물로부터 갈라져 나온 지 수억 년이 경과했다. 그 사이에 여러 진화를 거쳤을 테니 초기 동물과 동일하지는 않다. 어디까지나 비교적 비슷하다는 정도이다. 어쨌든 해면동물이 동물의 조상과 같은 특성을 가진 것은 분명하다. 여기에서 자칫 오해가 생길 수 있는데, 그렇다고 해서 해면동물이 하등한 동물임을 의미하는 것은 아니다.

계속해서 전통의 맛을 지키는 오래된 과자점과 최근 출시한 과자가 화제인 새로운 제과점. 어느 쪽의 매상이 높은가 혹은 이후 어느 쪽이 오래 번창할까 등의 질문은 의미가 있다(답의 유무는 별개로 하자). 그러나 어느 쪽이 더 우월한 가게이고 어느 쪽이 열등한 가게인지를 묻는 것은 의미가 없을 것이다.

제7장의 고세균이나 세균 부분에서 한 말은 동물에게도 해당한다. 동물(모든 생물)은 약 40억 년 전에 탄생한 생물의 후손이다. 그리고 모두 똑같은 시간 동안 계속 진화해서 지금을 살고 있다. 이 생물은 좀더 진화했고 저 생물은 별로 진화하지 않았다고 할 수 없다. 이것은 고등 동물이고 저것은 하등 동물인 것도 아니다.

제11장

커다란 단점이 있는
인류의 보행 방식

인류의 두 가지 특징

늑대나 사슴을 짐승이라고 부르는 경우가 있다. 이 단어는 원래의 "털이 난 동물"이라는 뜻에 맞게 포유류를 광범위하게 가리킨다. 그러나 우리 인간은 포유류인데도 짐승에는 속하지 않는다. 인간의 털은 가늘지만 수는 꽤 많다. 벌거숭이 뻐드렁니쥐나 코끼리에 비하면 털이 많은 편이다. 그래도 인간은 짐승에 포함되지 않는다.

인간은 동물이다. 이 역시 분명한 사실이지만, 평소 대화에서 쓰이는 동물이라는 말은 보통 인간을 포함하지 않는다. 역시 인간은 동물들과는 다르다는 이미지가 있는 것 같다.

인간이 그렇게 특별한 생물일까? 좀더 구체적으로 살펴보자. 원숭이의 동류(同類) 중에 유인원이 있다. 이들은 동류이지만 보통 원숭이에게 꼬리가 있는 반면 유인원에게는 꼬리가 없다. 따라서 유인원은 꼬리 없는 원숭이라고 할 수 있다.

유인원은 다시 소형 유인원과 대형 유인원으로 나눌 수 있다. 소형 유인원은 긴팔원숭이 무리에 속하고, 그외에 침팬지와 보노보, 고릴라와 오랑우탄, 인간은 대형 유인원에 속한다(인간을 유

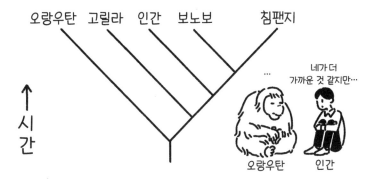

그림 11-1 대형 유인원과 인간의 계통수

인원에 포함하지 않는 경우도 많지만, 인간은 진화론적으로 분명히 유인원의 한 종이다).

여기에서 침팬지가 된 셈치고 다른 유인원들을 살펴보자. 침팬지와 가장 가까운 생물은 보노보이다(그림 11-1). 두 번째로 가까운 생물은 인간이며, 세 번째는 고릴라, 네 번째는 오랑우탄이다 (참고로 종이 갈라진 시기가 오래되었을수록 먼 계통이고, 최근일수록 가까운 계통이다).

그렇다면 외형도 계통이 가까울수록 비슷하고 멀수록 다를까?

침팬지와 계통이 가장 가까운 것은 보노보이고 가장 비슷한 것도 보노보이다. 보노보는 과거에 피그미 침팬지라고 불렸을 정도로 침팬지와 닮았다. 이에 관해서는 특별한 문제가 없다.

침팬지 입장에서 볼 때 두 번째로 가까운 것은 인간이다. 고릴라나 오랑우탄보다 더 가깝다. 그러나 겉보기에는 인간보다 고릴라나 오랑우탄이 침팬지와 더 비슷하지 않을까?

침팬지와 보노보, 고릴라와 오랑우탄은 모두 털북숭이이고 뇌는 500cc 이하로 작으며 평소에는 사족보행을 하고 송곳니가 있다. 그러나 인간은 체모가 가늘고 뇌는 약 1,350cc로 크며 이족보행을 하고 송곳니가 없다.

역시 인간은 다른 유인원과 많이 다른 것 같다. 인간은 침팬지의 입장에서 볼 때에 고릴라나 오랑우탄보다 더 근연 관계임에도 불구하고 외모에 많은 차이가 있다. 이는 아마도 유인원에서 갈라질 때에 아주 큰 변화가 있었기 때문일 것이다. 도대체 그것이 무엇일까?

인간의 네 가지 특징 중에서 어떤 것이 가장 먼저 진화했는지는 화석을 통해서 유추할 수 있다. 그 답은 바로 "직립 이족보행"과 "송곳니를 잃은 것"이다. 이 두 가지가 거의 동시에 진화하면서 인간의 조상이 다른 유인원으로부터 갈라져 나온 것이다. 다른 두 가지 특징("가는 체모"와 "큰 뇌")은 그보다 한참 뒤에 진화한 것으로 보인다.

다시 말해서, 이족보행과 송곳니의 소실이 인류라는 생물을 탄생시켰다. 이족보행과 송곳니의 소실은 전혀 상관이 없어 보이지만 그렇지 않다. 이 둘이 결합했을 때에 인류가 탄생했다.

인류 이외에 이족보행을 하는 생물은 없다

인류의 이족보행은 정확하게는 직립 이족보행이다. 체간(머리와 팔다리를 제외한 몸통 부분)을 곧게 세우고 두 발로 걷는 것이다. 다른 이족보행과의 차이는 머리의 위치이다. 멈추었을 때에 머리와 다리가 일직선상에 놓이는 것이 직립 이족보행이다.

단순히 이족보행을 하는 생물은 많다. 닭도 티라노사우루스도 이족보행을 한다. 그러나 닭이나 티라노사우루스의 머리는 다리 바로 위에 오지 않는다. 즉 이족보행이기는 하지만 직립 이족보행은 아니다. 그렇다면 인류 이외에 직립 이족보행을 하는 생물은 없을까?

정말 놀라운 일이지만, 인류 이외에 직립 이족보행을 하는 생물은 하나도 없다. 무려 40억여 년에 걸친 생물의 진화 역사에서 인류의 출현(약 700만 년 전) 이전에는 단 한 번도 직립 이족보행으로의 진화가 일어나지 않았던 것이다.

생각하면 생각할수록 이것은 신기한 일이다. 그도 그럴 것이, 가령 하늘을 나는 것은 직립 이족보행을 하는 것보다 훨씬 어려울 테니까 말이다. 그럼에도 하늘을 나는 능력은 네 차례나 진화했다. 곤충과 익룡, 새와 박쥐라는 4개의 계통에서 하늘을 나는 능력이 독립적으로 진화해왔다. 그런데도 직립 이족보행은 한 번밖에 진화하지 않았다. 직립 이족보행을 하는 것이 하늘을 나는 것보다 쉬울 텐데 왜 한 번밖에 진화가 이루어지지 않았을까?

덧붙이자면 인류 이외의 유인원은 평소에는 사족보행으로 이동한다. 종종 이족보행도 하지만 이 경우에도 머리가 다리의 바로 위에 오지는 않는다. 허리를 다리보다 뒤로 내민 상태에서 머리가 다리보다 앞쪽에 온다. 따라서 직립 이족보행은 아니다.

직립 이족보행의 장점

직립 이족보행은 왜 단 한 번밖에 진화하지 못했을까? 그 이유를 생각하기 전에 직립 이족보행을 하면 어떤 점이 좋은지 생각해보자. 여기에는 다양한 설이 있다.

첫 번째는 햇빛에 노출되는 면적이 감소한다는 설이다. 아프리카의 사바나(초원)에는 강렬한 햇살이 내리쬐는데, 나무가 적어서 나무 그늘에서 쉬기도 힘들 뿐만 아니라, 열사병에 걸릴 확률도 높다. 이런 이유로 직립한 자세를 취해서 햇빛이 닿는 면적을 줄였다는 것이다. 확실히 사족보행을 하면 등 전체가 햇빛에 노출되지만 똑바로 서 있으면 햇빛이 닿는 부위가 머리와 어깨 정도로 줄어들기 때문에 꽤 시원하다.

두 번째는 머리가 땅에서 멀어져서 시원해진다는 설이다. 밀림에서는 나무들이 햇빛을 가려주기 때문에 그만큼 땅이 뜨겁지 않다. 그러나 사바나는 햇빛이 직접 지면에 닿기 때문에 바닥도 뜨

겁고 반사되는 햇빛도 강하다. 그래서 머리를 땅에서 멀리 떨어 뜨려서 시원하게 했다는 것이다.

세 번째는 멀리 내다볼 수 있다는 설이다. 초원에서 육식동물에게 습격당하지 않으려면 조금이라도 빨리 육식동물을 찾아야한다. 그러기 위해서는 상체를 일으켜서 멀리까지 볼 수 있어야 좋다는 것이다.

네 번째는 커다란 뇌를 아래에서 지탱할 수 있다는 설이다. 우리 인간의 머리는 꽤 무거워서 대략 볼링공 정도의 무게가 나간다고 한다. 만약 우리가 사족보행을 한다면 목뼈와 머리가 수평선상에 있기 때문에 무거운 머리를 목뼈가 옆에서 지탱해야 한다. 이것은 상당히 고통스럽기 때문에 머리가 커지기는 힘들었을 것이다. 반면 직립 이족보행을 하게 되면 무거운 머리를 바로 아래에서 지탱할 수 있어서 편한 데다가 자세도 안정적이다. 우리 인간의 뇌가 커진 이유들 중의 하나는 직립 이족보행에 있을 것이다.

다섯 번째는 에너지 효율이 좋다는 설이다. 침팬지나 보노보는 하루에 3킬로미터 정도밖에 걷지 못하고, 고릴라나 오랑우탄은 그보다도 더 짧은 거리를 걷는다. 그러나 인간은 아주 쉽게 10킬로미터 이상을 걷는다. 인간이 활동적인 이유 중의 하나는 같은 거리를 걷는 데에 필요한 에너지가 적어서라고 한다. 침팬지와 사람이 걸을 때에 소비하는 에너지를 측정하는 실험도 진행되고

1 햇빛에 노출되는 면적이 감소한다.

2 머리가 땅에서 멀어져서 시원해진다.

3 멀리 내다볼 수 있다.

4 커다란 뇌를 아래에서 지탱할 수 있다.

5 에너지 효율이 좋다.

6 두 손이 자유로워서 무기를 사용할 수 있다.

7 두 손이 자유로워서 식량을 운반할 수 있다.

확실히
편리할 것 같긴 한데.

그림 11-2 직립 이족보행의 주요 장점

있는데, 역시 인간이 에너지를 덜 사용한다고 한다.

여섯 번째는 두 손이 자유로워서 무기를 사용할 수 있다는 설이다.

일곱 번째는 두 손이 자유로워서 식량을 운반할 수 있다는 설이다. 직립 이족보행을 하면 두 손을 보행 이외의 용도로 사용할 수 있게 된다. 그 손으로 무엇을 했는지에 대해서는 몇 가지 설이 있지만 무기를 사용하거나 식량을 운반했다는 위의 두 가지 설이 유력하다.

이상의 일곱 가지 설은 각각 나름대로 일리가 있다. 직립 이족보행에는 장점이 꽤 많은 것 같다. 하지만 그렇다면 어째서 지금까지 한 번밖에 진화하지 않았을까?

생각해보면 첫 번째부터 세 번째까지의 설은 사바나에서 직립 이족보행을 했을 때의 장점이다. 만일 무더운 사바나에서 직립 이족보행을 하는 것이 유리하다면, 사바나에서는 직립 이족보행을 하는 생물이 많이 진화했을 것이다. 그러나 그런 생물은 이제까지 한 번도 진화하지 않았다. 초원에 사는 영장류(인간이나 유인원을 포함한 원숭이 무리)로는 개코원숭이와 파타스원숭이가 있지만 모두 사족보행을 한다.

또한 최근에는 인류의 초기 화석이 발견되면서 인류가 초원이 아닌 숲이나 나무가 듬성듬성 있는 환경에서 진화했다고 보게 되었다. 때문에 첫 번째부터 세 번째의 설은 인류가 직립 이족보행을 시작한 이유로는 맞지 않다. 네 번째부터 일곱 번째 설은 숲이나 나무가 듬성듬성 자라는 곳에서도 성립하므로 이 중에서는 올바른 설이 있을지도 모른다.

이것들 중에서 무엇이 맞는지를 알기 위해서는 반대로 직립 이족보행의 단점을 따져볼 필요가 있다. 직립 이족보행이 전혀 진화하지 않은 것은 분명 그것에 큰 단점이 있기 때문이다. 따라서 직립 이족보행이 진화하려면 그 단점을 메우고도 남을 만큼의 좋은 일이 생겨야 한다.

그러면, 단점을 메우고도 남을 설이 무엇인지 알아내기 위해서 우선 단점을 살펴보자.

직립 이족보행의 단점

만약 여러분이 초원에 서 있는데 멀리서 사자가 달려온다면 어떨까? 여러분은 두려움에 떨며 절망할 것이 분명하다. 마침내 자신의 인생이 그 자리에서 끝날 것이기 때문이다.

그러나 만약 여러분이 사자보다 빨리 달릴 수 있다면 어떨까? 어쩌면 사자에게 힐끗 눈길을 줄 여유마저 있을지도 모른다. "오- 달려온다, 달려와. 멋진 엄니를 가졌는데" 하면서 말이다. 그리고 나서 여러분은 천천히 달리기 시작한다. 사자를 향해서 말이다. 그리고는 사자가 물려고 하면 슬쩍 몸을 비껴서 피한다. 그렇게 사자의 약을 올린 뒤에 여러분은 유유히 도망친다.

유감스럽게도 이런 일은 실제로 일어나지 않는다. 아마도 여러분은 사자에게 잡아먹힐 것이다.

우리 인간은 많은 동물들에게 강렬한 열등감을 느낀다. 달리는 속도가 느리기 때문이다. 직립 이족보행의 가장 큰 단점은 달리는 속도가 느리다는 것이다. 이는 자연계에서 살아가는 데에 치명적인 결점이다.

인간의 100미터 달리기 세계기록은 2009년에 우사인 볼트가 세운 9초 58이다. 앞으로 인간은 이 기록을 대폭 단축시키고 결국에는 기록이 9초의 장벽을 깰 날이 올 것이라는 의견도 있다. 단, 이는 사람이 네발로 달릴 때의 이야기이다.

인간의 사족주행 100미터 기네스 세계기록(이런 기록도 있다)은 2008년에는 18초 58이었으나 2015년에는 15초 71까지 단축되었다. 7년 만에 3초나 단축되었다는 것은 아직 사족보행의 자세 등에 대한 연구가 깊이 진행되지 않았음을 뜻한다. 즉 앞으로 기록을 더 단축할 수 있다는 것이다. 그리고 이 상태에서 기록이 단축되면 결국 9초를 밑돌 가능성이 있다. 덧붙이자면 현재의 세계기록 보유자는 이토 겐이치이다.

앞으로 인간이 사족보행으로 100미터를 9초 안에 달릴 수 있을지 없을지는 알 수 없다. 그러나 인간이 사족보행으로도 상당히 빨리 달릴 수 있음은 확실하다. 인간처럼 직립 이족보행에 적응한 몸을 가진 생물조차 사족보행으로 이렇게나 빨리 달릴 수 있는 것이다. 역시 빨리 달리는 데에는 직립 이족보행보다는 사족보행이 적합하다.

어쩌면 초기 인류는 아예 달리기 자체를 하지 못했을 수도 있다. 발가락이 길어서 뛰기 힘들었을 것이고, 달릴 때에 사용하는 엉덩이 근육(큰볼기근)도 발달하지 않았을 것이기 때문이다. 걸을 때에는 직립 이족보행을 했지만 달릴 때에는 여전히 네발을 이용했을 가능성도 있다. 그러나 초기 인류가 네발로 달렸다는 증거는 어디에도 없기 때문에 이것은 상상에 지나지 않는 이야기이다.

덧붙이자면 초원에 사는 개코원숭이나 파타스원숭이는 영장류 중에서도 달리기 속도가 매우 빠르다. 그렇지 않으면 초원에서 살아남을 수가 없을 것이다.

그렇다면 인류는 어째서 직립 이족보행을 하도록 진화했을까? 어지간한 기적이 아니고서는 직립 이족보행으로의 진화가 일어날 것 같지 않은데 말이다. 그 기적이 무엇인가는 다음 장에서 생각해보기로 하자.

그들은 인간처럼 머리가 다리 바로 위에 오지 않아.

다시 말해 직립 이족보행을 하지 않는 거지.

제12장

인류는 평화로운 생물

인류는 평화로운 생물

침팬지는 작은 원숭이를 덮쳐서 잡아먹기도 한다. 그러나 침팬지의 전체 먹이 중에서 육류의 비중은 5퍼센트 정도에 불과하다. 침팬지는 기본적으로 초식성이기 때문에 주로 과실을 먹는다. 그런데 해[年]나 계절에 따라서 과실이 많이 열리지 않을 때가 있다. 그때에는 무리와 무리 사이에 싸움이 벌어지기도 한다.

침팬지는 다부다처의 무리를 이룬다. 일부일처 무리에서는 특정 상대가 정해져 있지만 다부다처 무리에서는 그렇지 않기 때문에 수컷들 사이에서 암컷을 둘러싼 싸움이 벌어지기 쉽다. 이런 원인으로 인한 무리 내부의 싸움이 전체 싸움 횟수에서 차지하는 비중이 가장 높다.

침팬지 수컷 사이의 싸움은 격렬하다. 상대를 죽이는 경우도 적지 않다. 이때 침팬지들은 큰 송곳니, 다시 말해서 엄니를 이용한다.

그런데 인류의 송곳니는 어떤가? 다른 치아와 같거나 오히려 다른 치아보다 작기까지 하다. 다시 말해서 인류에게는 엄니가 없다. 따라서 인류는 상대를 죽이기가 어렵다.

텔레비전 드라마에서는 매일같이 살인 사건이 일어난다. 범인은 권총이나 칼, 꽃병과 같은 다양한 흉기로 사람을 죽인다. 그러나 침팬지라면 그런 성가신 행동은 하지 않아도 된다. 엄니로 상대를 물면 되는데 흉기 따위가 왜 필요하겠는가?

사자나 상어는 우리 인간에게 공포의 대상이다. 그런데 우리는 무엇을 두려워하는 것일까? 잘 생각해보면 사자나 상어에게 물리는 것, 그들의 엄니를 무서워하는 것이다. 만약 사자나 상어가 물지 않는다면 공포심은 상당 부분 감소할 것이다.

그렇다. 동물이 지닌 최강의 무기는 엄니이다. 그렇기 때문에 본래대로라면 텔레비전 드라마의 범인도 상대에게 달려들어서 그를 물어뜯어야 한다. 그러나 적어도 나는 범인이 상대를 물어서 죽이는 텔레비전 드라마를 본 적이 없다. 따지고 보면 이것은 신기한 일이다(유명한 스파이 영화 「007」 시리즈에서 인간을 물어서 죽이는 악역이 나온 적은 있다. 그러나 그는 상어도 물어서 죽이고 암석에 깔려도 죽지 않으며 치아도 금속이므로 인간이라고 생각하지 않아도 좋을 것이다).

그렇다면 인류에게는 왜 엄니가 없을까? 엄니, 다시 말해서 큰 송곳니를 만들기 위해서는 작은 송곳니를 만드는 것보다 더 많은 에너지가 필요하다. 그만큼 많이 먹어야 한다. 따라서 만약 엄니를 사용하지 않는다면 송곳니가 작은 편이 에너지를 절약하기에 좋다. 그리고 진화 과정에서 송곳니는 작아질 것이다.

인류의 송곳니가 작아진 이유는 송곳니를 사용하지 않게 되었다는 데에 있을 것이다. 송곳니는 주로 무리 내의 다툼이 있을 때에 사용했기 때문에 인류는 서로를 죽이는 일이 거의 없어졌을 것이다. 즉 인류는 평화로운 생물인 것이다.

과거에는 인류를 난폭한 생물이라고 생각했다

그러나 옛날에는 인류를 난폭한 생물로 생각했다. 송곳니가 작아진 것은 송곳니 대신 무기를 사용하게 되었기 때문이라고 보았던 것이다.

인류학자 레이먼드 다트는 20세기 중반에 약 280만-230만 년 전에 살았던 인류 오스트랄로피테쿠스 아프리카누스(*Australopithecus africanus*)를 연구했다(그림 12-1). 다트는 오스트랄로피테쿠스의 화석 부근에서 함몰된 개코원숭이의 머리뼈를 발견했다. 그리고 이 함몰은 오스트랄로피테쿠스가 동물의 뼈로 개코원숭이를 때려서 생긴 것이라고 생각했다. 뿐만 아니라 오스트랄로피테쿠스의 머리뼈에서 동일한 상처를 발견한 뒤에는 오스트랄로피테쿠스끼리도 무기를 사용해서 서로를 죽였을 것이라고 주장했다. 다트의 이 연구를 계기로 다음과 같은 설이 사회로 퍼져나갔다.

"인류는 직립 이족보행을 시작하면서 두 손을 자유롭게 쓸 수 있게 되었다. 그 손으로 뼈 같은 무기를 이용해서 사냥을 하거나 인류끼리 서로를 죽이기 시작했다. 다시 말해서 직립 이족보행을 시작한 인류는 육식을 했으며, 손으로 무기를 사용하게 되면서 송곳니가 작아지게 된 것이다."

레이먼드 다트

유명한 영화 「2001 스페이스 오디세이」의 앞부분에 우주에서 온 수수께끼 물체에 의해서 원인(猿人)의 지성이 눈을 뜨는 장면이 나온다. 지성에 눈을 뜬 원인은 동물의 뼈를 사용해서 사냥을 하고 서로를 죽이기 시작한다. 이것은 앞의 설에 근거한 시나리오이다.

그러나 이 설에는 몇 가지 문제들이 있다. 우선 다트가 이 설의 직접적인 근거로 삼은 개코원숭이나 오스트랄로피테쿠스의 두개골에 난 상처는 사실 뼈로 맞아서 생긴 것이 아니다. 표범에게 습격을 당했거나 동굴이 무너지면서 입은 상처라는 사실이 훗날 연구를 통해서 밝혀졌다.

또한 애초에 오스트랄로피테쿠스는 육식성이 아니었다. 장이 길었던 점으로 미루어보아 이들은 초식성이었으며, 따라서 사냥은 하지 않았을 것으로 보인다.

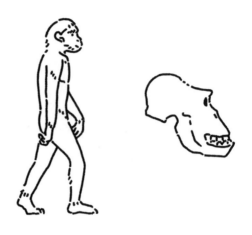

그림 12-1 오스트랄로피테쿠스

더욱이 이 설은 인류가 도구를 사용하기 시작한 연대와도 맞지 않는다. 뼈를 도구로 사용하기 시작한 연대는 알 수 없지만, 석기의 사용은 언제 시작되었는지 알 수 있다. 가장 오래된 석기는 약 330만 년 전의 것으로, 송곳니가 작아진 약 700만 년 전과는 연대가 맞지 않는다. 다시 말해서 송곳니가 작아진 약 700만 년 전에 무기 같은 도구를 사용한 증거는 발견되지 않았다.

이상과 같이 "인류는 수백만 년 전부터 거칠고 난폭한 생물이었다"는 설에는 근거가 없다. 엄니가 없어진 주요 원인은 역시 인류끼리(주로 수컷끼리)의 싸움이 줄었기 때문으로 보아도 좋을 것이다.

그렇다면 왜 인류 사이의 싸움이 온건해졌을까?

가설을 검증하려면 어떻게 해야 할까

침팬지 사이의 싸움 중에서 가장 큰 비중을 차지하는 것은 암컷을 둘러싼 수컷들의 싸움이다. 따라서 분쟁을 줄이려면 암컷을 둘러싼 수컷들의 싸움을 줄이는 것이 가장 효과적이다. 그렇다면 유인원에서 갈라져 나와서 인류가 진화했을 때에 수컷과 암컷의 관계에 변화가 있지 않았을까?

현생 대형 유인원을 조사하면 오랑우탄과 대부분의 고릴라는 일부다처, 일부 고릴라와 침팬지, 보노보는 다부다처 무리를 이룬다. 일부다처와 다부다처 사회에서는 암컷을 둘러싼 수컷끼리의 싸움을 없애기가 힘들다. 실제로 현생 대형 유인원들은 종종 수컷끼리 다투는데, 이를 반영하듯이 송곳니도 크다. 대형 유인원 중에서는 비교적 평화로운 생물인 보노보조차 인류보다 송곳니가 훨씬 더 크다.

반면 일부일처 사회에서는 암컷을 둘러싼 수컷끼리의 싸움이 적다. 그렇다면 약 700만 년 전의 인류가 일부일처 사회를 만들게 되면서 수컷끼리의 다툼이 줄고 송곳니가 작아진 것은 아닐까? 달리 말하면 유인원 중에서 일부일처 사회를 만든 무리가 인류가 된 것은 아닐까?

이것은 가설이다. 아니, 사실 과학의 성과는 모두 가설이다. 제 2장에서 설명한 내용이지만 여기에서 간단히 복습해보자.

가설 중에는 좋은 가설과 나쁜 가설이 있다. 좋은 가설은 많은 관찰과 실험으로 지지를 받는 가설이다. 완전히 100퍼센트 옳다고는 할 수 없지만 거의 100퍼센트 옳을 것 같은 가설은 매우 좋은 가설이라는 의미에서 이론이나 법칙이라고 부른다. 상대성 이론이나 멘델의 법칙은 매우 좋은 가설이다.

가령 초능력이 있다는 가설을 검증하기 위해서 주사위를 던지는 실험을 했다고 하자. 자칭 초능력자는 주사위를 던져서 원하는 숫자가 나오게 할 수 있다고 한다. 그래서 여러분은 3을 지목했다.

보통 사람이 주사위를 던져서 3이 나올 확률은 6분의 1이다. 그렇다고 해서 주사위를 여섯 번 던졌을 때 3이 반드시 한 번 나오지는 않는다. 이따금 3이 많이 나오기도 하고, 3이 한 번도 나오지 않을지도 모른다. 그러나 주사위를 여러 번 던져서 3이 나올 확률은 대체로 6분의 1일 것이다.

그래서 자칭 초능력자가 한 번 주사위를 던져서 3이 나온다고 해도 설득력이 크지는 않다. 그것은 초능력 때문이 아니라 우연의 결과일 수도 있기 때문이다. 그러나 두 번, 세 번 연속해서 3이 나오면 초능력이 있다는 가설은 점점 좋은 가설이 된다. 100번 동안 연속해서 3이 나오면 이것은 이제 이론이나 법칙이라고 불러도 좋다(속임수가 아니라는 가정하에).

물론 반대의 경우도 있다. 주사위를 여러 번 던져서 3이 나올 확률이 6분의 1에 가까워지면 초능력이 있다는 가설은 점점 나쁜 가설이 된다.

다시 말해서 가설을 검증하고 그 결과가 가설을 지지한다면(실증하면) 가설은 조금 좋은 가설이 된다. 검증 결과가 실증되었다고 해서 100퍼센트 올바른 가설이 되는 것은 아니다.

가설을 검증하는 방법으로는 여러 가지가 있는데 그중 하나는 다른 현상을 설명할 수 있는가 하는 것이다.

지금은 송곳니가 작아진 이유로 "약 700만 년 전에 인류는 일부일처 사회를 만들었다"라는 가설을 세웠다. 만약 이 가설이 작아진 송곳니 이외에 무엇인가 다른 현상을 설명할 수 있다면 더 좋은 가설이 된다.

약 700만 년 전에 인류에게는 두 가지 일이 일어났다. 직립 이

족보행의 시작과 송곳니의 축소이다. 이 둘은 서로 관계가 없을까? "일부일처 사회를 만들었다"는 가설에 따라서 직립 이족보행의 진화도 설명할 수는 없을까?

직립 이족보행의 장점과 일부일처 사회

직립 이족보행은 이동 속도가 느리다는 큰 단점이 있다. 그런 직립 이족보행이 진화하기 위해서는 무엇이든 간에 장점이 단점을 뛰어넘어야 한다.

제11장에서는 직립 이족보행의 장점 일곱 가지를 소개했다. 그것들 가운데 일부일처 사회가 만들어지면 이익이 극대화되는 경우는 무엇일까?

직립 이족보행의 장점에 관한 첫 번째 설은 "햇빛에 노출되는 면적이 감소한다"였다. 이것은 일부일처제와 무관하다. 일부일처제가 되었다고 햇빛에 노출되는 면적이 점점 더 줄어들지는 않는다. 마찬가지로 "머리가 땅에서 멀어져서 시원해진다"는 두 번째 설도, "멀리 내다볼 수 있다"는 세 번째 설도 일부일처제와는 무관해 보인다.

"커다란 뇌를 아래에서 지탱할 수 있다"는 네 번째 설도 일부일처제와는 관계가 없어 보인다. 시대적으로도 뇌가 커지기 시작하는 것은 약 250만 년 전이므로 직립 이족보행이 진화한 약 700만 년 전과는 시기가 맞지 않는다. "에너지 효율이 좋다"는 다섯 번째 설도 일부일처제와는 관계가 없는 것 같다. 일부일처제가 된다고 걸음걸이가 바뀌거나 에너지 효율이 더 좋아지는 일은 없을 것이다. "두 손이 자유로워서 무기를 사용할 수 있다"라는 여섯 번째 설은 현재 부정되고 있음을 앞에서도 밝혔다.

자, 마지막 일곱 번째 설은 어떨까? 일곱 번째는 "두 손이 자유로워서 식량을 운반할 수 있다"는 설이다. 식량을 나르면 누가 이득을 보게 될까? 물론 나르는 당사자도 이득을 볼 수는 있다. 땅에서 음식을 발견했을 때에 그 자리에서 먹다가는 육식동물의 눈에 띄어서 표적이 될 수 있으니까 말이다. 그렇다면 안전한 나무 위로 식량을 운반한 후에 먹는 것이 좋다.

그러나 운반하는 당사자보다 더 이득을 보는 사람이 있다. 그것은 운반한 것을 받는 쪽이다.

수컷이 육아에 참여

다부다처든 일부다처든 일부일처든 암컷은 자식을 키운다. 그러나 수컷의 육아 참여 여부는 경우에 따라서 다르다. 다시 말해서 일부일처인 사회가 구성되었을 때에 그 역할이 크게 달라지는 것은 암컷이 아니라 수컷일 가능성이 높다. 따라서 여기에서는 수컷에 주목하겠다.

사족보행을 하는 유인원 무리를 생각해보자. 그 무리 속의 한 수컷에게 돌연변이가 일어나서 직립 이족보행을 하게 되었다.

직립 이족보행을 하는 수컷은 두 손을 이용해서 새끼에게 음식을 가져다줄 수 있다. 그러면 음식을 받은 새끼는 음식을 공급받지 못하는 새끼보다 살아남을 확률이 높아진다.

여기까지는 다부다처든 일부다처든 일부일처든 동일하다. 그런데 앞으로가 다르다. 일부다처는 수컷이 적극적으로 육아에 참여하기 어렵다. 자식이 많아서 암컷에게 육아를 맡기기 때문이다. 그러니 일부다처는 제외하고 다부다처와 일부일처를 비교해보자.

다부다처 사회는 누가 자기 자식인지 알 수가 없다. 따라서 직립 이족보행으로 음식을 운반해서 생존율을 높인 새끼가 자기 자식일 수도 있고 자기 자식이 아닐 수도 있다. 다시 말해서 직립 이족보행을 할 수도 있고 하지 않을 수도 있다. 따라서 직립 이족보행은 늘어나지 않는다.

게다가 부모 입장에서 생각하면 직립 이족보행을 하지 않는 편이 유리하다. 새끼에게 가져다주려고 음식을 찾아다니는 행동은 위험하다. 육식동물의 먹이가 될 확률이 높아진다. 그렇다면 직립 이족보행을 하지 않는 편이 낫다. 오히려 음식을 새끼에게 운반하지 않는 수컷이 생존할 확률이 높아지기 때문이다. 따라서 다부다처 사회에서는 직립 이족보행이 진화하지 않을 것이다.

일부일처 사회의 경우는 어떨까? 이때에는 짝을 이룬 암컷이 새끼를 낳으면 거의 자신의 자식이라고 보면 된다. 따라서 직립 이족보행으로 음식을 운반해서 생존율을 높여준 새끼는 대체로 자기 자식이며, 직립 이족보행이 유전된다. 따라서 직립 이족보행을 하는 개체가 증가하게 된다.

아무래도 일부일처 사회를 이루면 직립 이족보행이 진화할 것 같다. 그러나 마지막으로 한 가지 잊지 말아야 할 것이 있다. 직립 이족보행에는 이동 속도가 느리다는 단점이 있다. 장점이 있어도 단점을 뛰어넘지 않으면 그 장점은 진화하지 못한다. 과연 장점이 그렇게나 클까?

진화에서 중요한 것은 자손의 수

자연선택설에 따르면 유리한 특징을 가진 개체는 증가한다. 다시 말해서 유리한 특징은 진화한다고 본다.

가령 사바나에 사는 치타는 달리기 속도가 빠른 편이 유리하므로 빨리 달리는 특성이 진화했을 것이다. 그러나 빠르게 달리는 것이 직접 진화로 이어지지는 않는다. 빠르게 달리기 때문에 남길 수 있는 자손의 수가 늘어나고, 그 결과 빨리 달린다는 특징이 진화한 것이다. 요컨대 자손의 수를 늘리는 특징만이 자연선택으로 진화하는 것이다.

아무리 좋은 특징이라고 해도 자손의 수를 늘리지 못하는 특징은 자연선택으로 진화하지 못한다. 예를 들면 어려운 계산을 할 수 있다는 특징이 진화할지 어떨지는 미지수이다. 어려운 계산을 할 수 있는 것은 좋지만, 그것이 자손의 수와 관련이 있을까? 만약 없다면 자연선택으로는 진화하지 못한다.

이렇게 보면 "두 손이 자유로워서 식량을 운반할 수 있다"는 특징은 꽤 진화하기 쉬운 특징임을 알 수 있다. 왜냐하면 자손의 수와 직결되기 때문이다. 자손의 수를 직접적으로 늘리는 특징에는 자연선택이 강하게 작용한다. 즉 일부일처 사회에서는 직립 이족보행에 자연선택이 강하게 작용한다. 그 결과 직립 이족보행의 단점을 뛰어넘어 지구 역사상 처음으로 직립 이족보행을 하는 생물이 진화한 것이다.

송곳니가 작아진 이유에 대해서 "약 700만 년 전에 인류는 일부 일처 사회를 만들었다"는 가설을 세웠다. 이 가설을 검증하기 위해서 이것이 직립 이족보행의 진화도 설명할 수 있을지를 검토했다. 그 결과 이 가설을 통해서 직립 이족보행의 진화도 설명이 가능하다는 것을 알게 되었다. 따라서 이 가설은 좀더 좋은 가설이 되었다.

솔직히 그렇게 강력한 가설은 아니다. 그러나 현시점에서는 이것이 최선의 가설이라고 할 수 있다. 약 700만 년 전에 인류는 일부일처 사회를 이루면서 직립 이족보행과 작은 송곳니를 진화시켰을 것이다. 인류는 평화로운 생물인 것이다.

제13장

감소하는 생물 다양성

육식동물에게 잡아먹힐 필요성

제12장에서는 인류가 일부일처 사회를 이루게 되면서 직립 이족 보행과 작은 송곳니가 진화했을 가능성에 대해서 살펴보았다.

그렇다면 직립 이족보행의 단점은 어떻게 되었을까? "달리기 속도가 느리다"는 단점은 개선되지 않은 채 직립 이족보행이 진화했을까? 음식을 들고 땅 위를 한가로이 이동한 것일까?

직립 이족보행에 대해서는 초기 인류보다 현재를 사는 우리(인간)가 더 우월하지 않을까? 우리는 대부분의 네발짐승보다 이동 속도가 느리지만 초기 인류보다는 빠르다. 그러나 그런 우리조차 아무것도 없이 사바나 한가운데에 서 있다면 살아남을 확률은 거의 없다. 사자나 표범을 만나면 끝장일 테니까 말이다. 도망을 쳐봐야 따라잡힐 것이 다. 하물며 초기 인류가 손에 음식을 들고 어슬렁거렸다가는 순식간에 모두 잡아먹혀서 멸종되지 않았을까?

아니, 차분하게 생각해보자. 우리는 무심코 "모 아니면 도"와 같이 극단적인 사고를 하기 쉽다. 그러나 실제로는 중간인 경우가 대부분이다. 육식동물에게 전혀 잡아먹히지 않거나 모두 잡아먹히는 일은 일어나지 않는다. 대부분의 동물들은 일정 정도만

그림 13-1 늑대

잡아먹힐 뿐 멸종되는 일 없이 나름대로 잘 살아가고 있다.

게다가 만일 육식동물에게 전혀 잡아먹히지 않는다면 인구가 폭발적으로 증가할 것이다(현재의 지구가 이 상황에 가깝다). 인구를 일정하게 유지하기 위해서는 육식동물에게 잡아먹힐 필요도 있다.

예를 들면 1926년 미국의 옐로스톤 국립공원에서는 늑대가 인간에 의해서 멸종되었다(그림 13-1). 늑대가 없어지자 사슴이 증가했고, 늘어난 개체들이 식물을 대량으로 먹어치웠다. 그러자 삼림은 황폐해졌고 나무가 남아 있는 지역이 과거의 5퍼센트 정도 수준으로 감소했다. 그 뒤에도 여러 가지 일이 있었지만 결국 1995년에 인위적으로 늑대를 다시 들여온 후 울창한 삼림이 되살아났다. 물론 사슴도 일정 개체만 늑대에게 잡아먹힐 뿐 멸종되지 않고 서식하고 있다. 이 사례를 보더라도 초기 인류 역시 어느 정도는 육식동물에게 잡아먹히는 것이 당연했을 것이다.

덧붙이자면 늑대를 다시 들여온 후의 옐로스톤 국립공원에는 사슴 약 1만 수천 마리, 늑대 약 200마리 수준에서 안정을 유지하고 있다. 육식동물은 의외로 많지 않다. 따라서 육식동물이 초기 인류를 배가 부를 때까지 잡아먹었다고 하더라도 인류를 멸종시키지는 못했을 것이다. 인류 외의 사냥감도 많았을 테고 말이다. 요컨대 문제는 균형이다.

이야기의 처음으로 돌아가면, 역시 초기 인류는 어느 정도는 육식동물에게 잡아먹혔을 것이다. 그러나 이것은 어쩔 수 없는 일이며, 필요한 일이기도 하다. 어느 정도는 육식동물에게 잡아먹히지 않으면 인구가 폭발적으로 증가하게 된다.

게다가 초기 인류가 살았던 곳은 단순히 드넓은 초원이 아니다. 숲보다는, 그 수는 적어도 어느 정도 나무가 있는 곳에서 살았다. 그래서 운이 좋으면 살 수도 있었을 것이다. 바로 근처에 나무가 있고 육식동물이 조금 멀리 있으면 음식을 내던지고 나무로 올라가서 목숨을 건졌을 것이다. 그러고 보면 직립 이족보행이 초원에서 진화했을 것 같지 않다. 실제로도 직립 이족보행은 숲에서 진화했다. 인류가 주된 생활의 터전을 초원으로 옮긴 것은 그로부터 수백만 년 뒤의 이야기이다.

초기 인류는 종종 육식동물에게 습격을 당했다. 그 결과 잡아 먹히기도 하고 살아남기도 했다. 그리고 인류는 멸종하지도 폭발적으로 늘어나지도 않고 현재에 이르기까지 계속 생존해왔다.

다양성이 풍부하면 생태계는 안정된다

이처럼 생물은 상호 관계 속에서 살고 있다. 이는 초기 인류와 육식동물처럼 먹고 먹히는 관계에만 해당하는 것이 아니다. 자원을 서로 빼앗고 경쟁하거나 꽃과 벌처럼 서로 돕는 등 여러 유형의 관계가 있다.

나아가 생물에 영향을 미치는 것은 다른 생물만이 아니다. 빛과 물 등 생물 이외의 환경도 큰 영향을 준다. 이런 생물과 그 주변 환경을 모두 포함해서 생태계라고 한다.

어떤 생물도 혼자서는 살아갈 수 없다. 생물은 반드시 생태계 속에서 살아야 하므로 생물에게는 생태계가 붕괴하지 않고 안정적으로 계속 존재하는 것이 중요하다. 그러기 위해서는 여러 종류의 생물들이 존재하는 편이 바람직하다.

어느 해에 가뭄이 일어났다고 가정해보자. 이럴 때에 하필 건조에 약한 식물만 있다면 대부분은 말라죽고 말 것이다. 따라서 광합성을 통한 유기물의 생산은 급감한다. 그 결과 광합성으로 만들어지는 유기물에 의존하던 동물 등도 격감하고, 그중에는 멸종하는 개체도 있을 것이다. 이렇게 생태계는 큰 타격을 받는다.

한편 건조에 약한 식물뿐만 아니라 강한 식물도 있었다고 하자. 이때는 가뭄이 찾아와도 광합성에 의한 유기물 생산이 큰 폭으로 감소하지 않을 것이다. 따라서 동물이 멸종하는 일도 일어나지 않는다. 생태계는 큰 타격을 입지 않고, 가뭄이 지나가면 다시 예전과 같은 상태를 회복할 것이다. 또 건조에 강한 식물도 한 종이 아니라 여러 종이 있어야 생태계가 안정된다.

이렇게 종은 다르지만 같은 역할을 하는 생물이 다양하게 존재하는 것을 "중복성(redundancy)"이라고 하며, 이를 포함해서 여러 종류의 생물이 있는 것을 "생물 다양성(biodiversity)"이라고 한다.

참고로 1992년 브라질 리우데자네이루에서 열린 유엔환경개발회의(UNCED)에서 채택된 생물 다양성 협약에 생물학적 다양성(biological diversity)이라는 용어가 사용되었고, 이를 사회에 널리 보급시키기 위해서 애칭으로 생물 다양성이라는 말이 만들어졌다. 일각에서는 생물학적 다양성과 생물 다양성을 다른 의미로 구분해서 사용하기도 하지만, 여기에서는 대세에 따라서 같은 의미로 사용하겠다.

생물 다양성 협약에서는 생물 다양성을 "종 내 다양성", "종의 다양성", "생태계의 다양성"을 포함하는 의미로 정의하고 있다.

종 내 다양성은 같은 종에 속하는 개체끼리의 차이를 가리키며, 개성이라고 부르기도 한다. 예컨대 우리 인간은 개개인이 얼굴의 생김새와 체격, 체질이 모두 다르다. 이런 개성의 차이를 종 내 다양성이라고 한다.

종의 다양성은 다른 종이 얼마나 존재하는가를 뜻한다. 예를 들면 인류의 종의 다양성은 인류에 속하는 종이 얼마나 있는가 하는 것이다. 약 700만 년 전에 인류가 탄생한 후로 다양한 종이 나타났고, 지구에는 여러 종류의 인류가 동시에 살게 되었다. 그러나 약 4만 년 전에 네안데르탈인이 멸종하고 마침내 우리 인간은 외톨이가 되었다. 오늘날 지구에 인류는 인간 하나의 종밖에 없다. 현재 인류의 종 다양성은 극히 낮은 상태이다.

생태계의 다양성은 다른 종류의 생태계가 얼마나 존재하는지를 가리킨다. 생태계에는 다양한 개체들이 있다. 나아가 광활한 삼림이나 작은 연못도 각각 하나의 생태계를 구성한다. 지구 전체를 하나의 생태계로 볼 수도 있다. 또한 우리의 장 속에도 막대한 장내 세균이 하나의 생태계를 이루고 있다.

생물의 다양성은
① 종 내
② 종
③ 생태계
로 나뉘어 있다.

인간은 지구에 무슨 일을 했나

그런데 생물 다양성이 높다는 것은 단순히 종의 수가 많다는 뜻이 아니다. 물론 종의 수가 많은 편이 생물 다양성은 높지만 그뿐만이 아니다.

예컨대 A섬과 B섬 각각에 인간과 나무라는 2종의 생물이 100개체가 있다고 하자. A섬에는 인간이 50명, 나무가 50그루 있다. 반면 B섬에는 사람이 99명이고 나무는 1그루밖에 없다. 이 경우는 B섬보다 A섬의 생물 다양성이 더 높다고 볼 수 있다. B섬의 생태계보다 A섬의 생태계가 안정적임은 분명하다. B섬에서는 나무 1그루가 시들면 하나의 종이 사라지니까 말이다. 이처럼 생물 다양성은 종의 수뿐만 아니라 "종 균등도"도 중요하다.

그런데 B섬에서는 종 균등도가 낮기 때문에 생물 다양성이 낮았다. 이처럼 낮은 종 균등도는 "나무가 1그루밖에 없기 때문"이라고 말할 수 있지만 반대로 "사람이 99명이나 있기 때문"이라고도 할 수 있다. 다시 말해서, 하나의 종이 폭발적으로 증가하는 것 역시 생물 다양성을 낮추는 것이다. 오늘날 지구에서 가장 심각한 문제는 인간의 수가 폭발적으로 증가하고 있다는 것이다. 이 때문에 지구라는 생태계는 눈에 띄게 불안정해지고 있다.

인간은 생물 다양성이 높은 삼림을 생물 다양성이 낮은 농지 등으로 바꾸어왔다. 또 생물이 수십억 년에 걸쳐서 화석연료 형

그림 13-2 여행 비둘기

태로 변화시킨 이산화탄소를 다시 대기 중으로 해방시켰다. 이처럼 인간은 환경을 조작하는 능력이 매우 탁월하다. 게다가 인구가 폭발적으로 늘어나면서 인간은 지구의 많은 지역을 자신들에게 편리하도록 변화시켜왔다.

그 결과 다양한 생물들이 계속해서 멸종되고 있으며, 생물 다양성도 점차 감소하고 있다. 가령 과거에는 여행 비둘기가 북아메리카에서 가장 개체 수가 많은 새였다(그림 13-2). 50억 마리 정도 서식했을 것이라는 추정도 있다. 그러나 유럽 이민자들의 개척 때문에 여행 비둘기의 서식지인 삼림이 감소했다. 게다가 고기를 먹으려는 사람들에게 마구잡이로 포획되면서 여행 비둘기의 수는 19세기의 100년을 거치며 급격히 감소했고, 마침내

1914년에 멸종하고 말았다.

무엇보다 생물 다양성을 감소시키는 이런 행동은 최근에만 국한된 것이 아니다. 가령 오늘날의 그리스는 "흰 절벽과 푸른 하늘 그리고 바다"라는 아름다운 이미지가 있다. 그러나 고대 문명이 꽃을 피우기 전의 그리스는 삼림이 많은 비옥한 땅이었다. 고대 그리스인들은 그 풍요로운 땅에 보기 드문 대규모의 자연 파괴를 자행하고, 삼림을 소멸시켜서 산을 민둥산으로 만들었다. 그리스를 녹색의 이미지에서 흰색의 이미지로 바꿔버린 것이다. 생물 다양성이 얼마나 격감했을지는 짐작하기 어렵지 않을 것이다.

왜 생물 다양성을 지켜야 할까

그렇다면 생물 다양성을 지켜야 하는 이유는 무엇일까? 사실 이물음에 답하기는 그렇게 간단하지 않다.

가장 먼저 떠오르는 답은 인간에게 도움이 되기 때문이 아닐까? 우리 인간이 생태계에서 받는 이익을 "생태계 서비스(ecosystem services)"라고 하는데, 이 생태계 서비스의 원천은 생물 다양성이다. 즉 우리는 생물 다양성 덕분에 생태계 서비스를 누릴 수 있는 것이다.

생태계 서비스에는 여러 가지가 있다. 생태계는 먹을 수 있는 물고기와 집을 짓는 데에 필요한 목재를 우리에게 준다. 이는 직접적인 생태계 서비스의 한 사례이다. 깨끗한 물이나 공기도 우리가 살아가는 데에 필요한 것이므로 생태계 서비스이다. 또 예술가가 아름다운 풍경을 보고 그림을 그리거나, 아이가 자연을 접하며 건강하게 성장하는 것도 생태계 서비스에 포함된다.

한편, 인간에게 도움이 되지 않아도 생물 다양성은 지켜져야 한다는 의견도 있다. 시대에 따라서 인간이 받는 생태계 서비스는 변화한다. 그러므로 앞으로 어떤 생태계 서비스가 중요성을 더할지는 알 수 없다. 때문에 현재 생태계 서비스를 만드는 생물 다양성뿐만 아니라 지금은 아무런 도움도 되지 않는 생물 다양성도 보호해야 한다. 어차피 이것도 결국에는 인간에게 도움이 되기 때문이지만 말이다.

나아가 인간과는 상관없이 지구의 생물 시스템 자체가 소중하기 때문이라는 입장도 있다. 이것은 훌륭한 생각이고 그 말이 맞다고 하고 싶지만, 지구의 생물들을 전부 대등하게 다루기는 역시 어렵다. 우리 인간이 병에 걸렸을 때에 병원체인 세균의 생명도 고귀하다고 생각한다면 병원에 가서는 안 된다. 항생제를 약으로 처방받아서 먹으면 세균이 죽을 것이기 때문이다. 그런 잔인한 짓은 할 수 없다고 한다면 말도 안 되는 일임을 모두가 알 것이다.

이런 극단적인 예시 말고, 가령 일본에 늑대를 들이기로 한다면 어떨까?

원래 일본에는 늑대가 있었다. 홋카이도에는 에조 늑대가, 혼슈와 시코쿠, 규슈에는 일본 늑대가 서식했다. 이 늑대들이 전부 메이지 시대에 멸종하자, 그후에 사슴과 멧돼지의 개체 수가 증가하여 농작물 피해가 발생하는 등 문제가 생기고 있다. 그래서 일각에서는 일본의 생태계를 예전처럼 회복시키기 위해서 해외에서 늑대를 수입해서 풀어놓다는 계획에 대해서 논의가 진행 중이다. 그러나 야생 늑대가 있으면 인간이 공격당할 위험이 매우 크다. 그래도 늑대를 부활시켜야 할까?

이런 문제들은 어느 하나가 정답이라고 딱 잘라서 말할 수 없을지도 모른다. 만약 인간만을 위해서 자연을 계속해서 파괴한다면 어느덧 인간은 지구에서 살 수 없게 될 것이다. 그렇다고 자연을 생각한디면서 인간을 전혀 고려히지 않는다면 병원에 가지 못하거나 늑대에게 잡아먹히게 되므로 그것은 그것대로 곤란하다. 이 양극단 사이에서 인간은 여러 가지 방법들을 고민할 것이다.

이런 식으로 여러 의견들을 생각하는 자체도 생물 다양성이다. 모든 사람의 의견이 같은 것은 위험한 일이다. 인간을 포함한 생태계를 위태롭게 할 것이기 때문이다.

제14장

진화와 진보

사람이 그렇게 대단할까

우리는 모든 생물 중에서 인간이 가장 위대하다고 생각하는 경향이 있다. 그렇게 생각하는 이유는 잘 모르겠지만, 아마도 뇌가 커서 다양한 사고를 할 수 있기 때문일 것이다. 어쩌면 나 자신이 인간이니까라는 생각도 관계가 있을 것이다. 인간이 가장 위대하다는 이 생각은 꼭 현재만의 이야기가 아니며 옛날부터 있었던 것으로 보인다.

중세에서 근대 초기까지 기독교를 토대로 한 스콜라 철학자들은 "존재의 대사슬(great chain of being)"을 생각했다. 돌멩이 하나에서부터 세상에 존재하는 모든 것을 신을 향해서 올라가는 계급 구조 안에 짜넣은 것이다. "존재의 대사슬"에서 인간은 생물들 중에서 가장 윗자리, 천사 바로 아래에 위치한다.

이 "존재의 대사슬"은 수백 년 전의 사고이므로 지금까지 그것을 그대로 믿는 사람은 많지 않을 것이다. 그러나 "존재의 대사슬"에서 천사와 신을 제외하고 생물 부분만 따로 떼어내면 어떻게 될까? 다양한 생물이 있고 그중에서 인간이 맨 위에 위치한다. 이런 사고는 지금도 많은 사람들이 하고 있을 것이다.

물론 무엇을 위대하다고 생각하든 그것은 각자의 자유이다. 인간이 가장 위대하다고 생각하든 장수풍뎅이가 가장 잘났다고 생각하든 그것은 개인적인 문제에 불과하다. 그렇지만……만일 그것이 사실이라고 말한다면 문제가 조금 생긴다. 혼자서 인간이 가장 위대하다고 생각하는 것은 괜찮지만, 인간이 가장 우월하다며 그것을 객관적인 사실로 주장하면 조금 이상해진다. 특히 진화를 논할 때에 이상한 일이 벌어진다.

다윈이 아닌 스펜서

진화론이라고 하면 찰스 다윈(1809-1882)이 유명하지만, 생물이 진화한다는 사고는 다윈의 이론 이전부터 있었다. 시간을 길게 잡으면 고대 그리스까지 거슬러올라가지만 여기에서는 다윈이 살았던 19세기의 상황을 살펴보기로 한다.

다윈의『종의 기원(*The Origin of Species*)』은 1859년에 출판되었는데, 그보다 15년 앞선 1844년 영국의 언론인 로버트 체임버스(1802-1871)는『창조 자연사의 흔적(*Vestiges of the Natural History of Creation*)』을 출판하여 진화론을 제기했다. 그의 진화론은 생물뿐만 아니라 우주와 사회 등 모든 것이 진보한다는 주장이었다. 그런 진화를 체임버스는 "발달(development)"이라는 말로 표현했다.

찰스 다윈　　　　　　　　　　로버트 체임버스

　뿐만 아니라 영국의 사회학자인 허버트 스펜서(1820-1903)
도『종의 기원』이 출판되기 이전부터 진화론을 주장했다. 스펜
서도 체임버스와 같이 생물뿐만 아니라 우주와 사회 등 모든
것이 진화한다고 생각했다. 덧붙이자면 현재 "진화"를 영어로
"evolution"이라고 하는데, 이것은 스펜서가 확산시킨 단어이다.
진화의 의미로 "evolution"을 처음 사용한 사람이 스펜서는 아니
지만, 유명인사였던 그가 사용하면서 이 말이 널리 퍼지기 시작
했다.

　이와 같이 다윈과 동시대에 살았던 진화론자들(체임버스는 다
윈보다 일곱 살 위, 스펜서는 열한 살 아래)은 진화를 진보로 간
주했다. 이런 생각의 밑바탕에는 "생물 가운데 인간이 최상위"라
는, "존재의 대사슬"과 공통된 생각이 있었을 것이다.

한편 다윈은 진화를 뜻하는 말로 "변화를 동반한 계승 (descent with modification)"을 즐겨 사용했다. 이 말에는 진보라는 의미가 없다. 그러나 이 말은 널리 퍼져나가지 못했고, 대신 "evolution"이 확산되었다. 다시 말해 19세기 영국에서

허버트 스펜서

는 다윈의 진화론이 아니라 스펜서의 진화론이 널리 확산되었던 것이다. 그리고 유감스럽게도 그 상황은 21세기의 일본에서도 다르지 않다. 이름은 스펜서보다 다윈이 유명하지만, 진화론의 내용은 스펜서의 것이 확산되고 있다.

그런데 스펜서의 진화론이 정말 잘못되었을까? 진화에는 진보라는 측면도 있지 않을까?

도마뱀이 사람보다 우수하다?

수억 년 전에 우리 인간의 조상들은 바다에서 살던 물고기였다. 그 물고기들 중의 일부가 육지로 올라와서 인간으로 진화한 것이다. 물론 육지로 진출하기 위해서는 몸의 여러 부분들이 변화해야 했다.

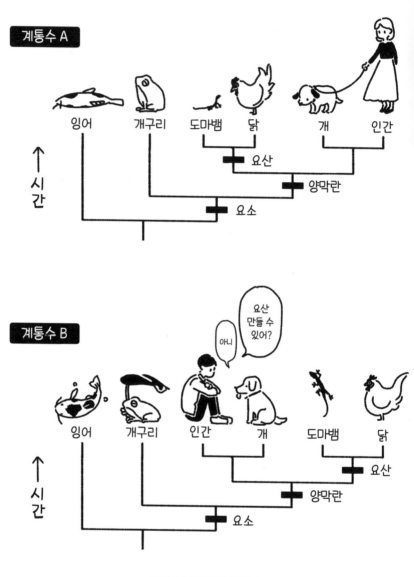

계통수 A

잉어　개구리　도마뱀　닭　　개　인간

시간

요산

양막란

요소

계통수 B

요산
만들 수
있어?

아니

잉어　개구리　인간　개　도마뱀　닭

시간

요산

양막란

요소

그림 14-1 2개의 계통수

그림 14-1의 계통수 A는 척추동물에서 6종(어류인 잉어, 양서류인 개구리, 파충류인 도마뱀, 조류인 닭, 포유류인 개와 인간)을 선택하여 이들의 진화 과정을 나타낸 계통수이다. 육지 생활에 적응하기 위해서 많은 진화적 변화가 일어났지만, 그중에서 세 가지를 검은 사각형으로 표시했다.

척추동물의 몸은 다량의 단백질로 이루어져 있으며, 오래된 단백질은 분해해서 몸 바깥으로 버린다. 단백질을 분해하는 과정에서는 암모니아가 반드시 발생하게 된다.

암모니아는 해로운 물질이므로 몸 바깥으로 배출해야만 한다. 과거에는 이것이 크게 어려운 일이 아니었다. 바다와 강에서 사는 어류였던 우리의 조상은 주위에 늘 물이 넘쳐났기 때문에, 암모니아를 버리는 데에 필요한 물을 얼마든지 쓸 수 있었다.

그러나 육지에 오른 양서류는 그럴 수가 없었다. 육지에는 물이 적기 때문에 암모니아를 버리는 것이 쉽지 않았다. 그러나 암모니아는 독성이 있어서 몸속에 오래 둘 수도 없었다. 따라서 일단 암모니아를 요소(urea)로 만들도록 진화했다. 이것이 계통수 중에서 가장 아래쪽에 있는 검은 사각형이다. 요소에도 독성이 없지는 않지만 암모니아보다는 약하기 때문에 어느 정도는 몸속에 쌓아둘 수 있다.

그럼에도 양서류는 물가에서 멀리 떨어져서 생활할 수 없다. 그 이유 중의 하나는 알의 껍질이 얇아서 금방 건조해진다는 데에 있다. 그래서 대부분의 개구리는 물속에 알을 낳는다. 물가를 떠나서 생활하기 위해서는, 다시 말해 육지 생활에 적응하기 위해서는 알이 마르지 않도록 무엇인가 방법을 찾아야 한다.

그 방법을 진화시킨 알이 양막란(amniote egg)이다(가운데의 검은 사각형). 양막란이란 간단히 말하면 얇은 막으로 만든 주머니 안에 물을 넣고, 그 안에 배아(발생 초기의 새끼)를 넣은 알이다. 주머니 속의 물에 새끼를 넣으면 새끼가 마르지 않는다. 나아가 알 바깥쪽에 껍질을 만들면 쉽게 마르지 않는다. 이 양막란을 진화시킨 동물을 양막류라고 한다. 이들은 양막란을 진화시킴으로써 물가에서 먼 곳에서도 살 수 있게 되었다. 초기의 이 양막류에서 파충류나 포유류가 진화했다(오해하기 쉬운데, 파충류에시 포유류가 진화한 것이 아니다). 그리고 파충류의 일부에서 조류가 진화했다.

파충류나 조류에 이르는 계통에서는 한층 더 육지 생활에 적합한 특징이 진화했다. 요소를 요산(uric acid)으로 바꾸는 진화가 일어난 것이다(맨 위의 검은 사각형).

요산도 요소처럼 독성이 약하지만, 없지는 않다. 그러나 요산은 물에 잘 녹지 않기 때문에 버릴 때에 물을 거의 사용하지 않아도 된다는 장점이 있다.

육지에 사는 동물은 물을 구하기가 어렵다. 그래서 가능한 한 물은 버리고 싶어하지 않는다. 그럼에도 아깝게도 우리 인간은 소변을 보며 상당히 많은 물을 버린다. 반면 닭이나 도마뱀은 소변을 잘 보지 않는다. 닭이나 도마뱀이 개처럼 많은 양의 소변을 보는 모습을 본 사람은 없을 것이다. 그것은 요소를 요산으로 바꾸는 능력을 진화시켰기 때문이다.

즉 포유류는 양서류보다 육지 생활에 잘 적응했지만, 파충류와 조류는 포유류보다도 육지 생활에 더 잘 적응한 것이다.

인간은 진화의 마지막 종이 아니다

그림 14-1의 계통수 A와 계통수 B는 동일한 계통 관계를 나타내지만, 외형적인 인상은 많이 다르다. 흔히 볼 수 있는 것은 A와 같은 계통수이다. 이 그림대로라면 인간은 진화의 마지막에 나타난 종으로, 가장 뛰어난 생물처럼 보인다.

그러나 육지 생활에 대한 적응이라는 의미에서는 계통수 B가 더 이해하기 쉽다. 도마뱀이나 닭이 사람보다 더 육지 생활에 잘 적응하고 있기 때문이다. 계통수 B를 보면 닭이 진화의 끝에 나타난 종으로, 가장 뛰어난 생물처럼 보인다.

물론 진화의 마지막에 나타난 종은 인간도 닭도 아니다. 잉어와 개구리, 인간과 개, 도마뱀 그리고 닭까지 모두 현재를 살고 있는 종이다. 따라서 모두가 진화의 끝에 나타난 종이라고 할 수 있다. 잉어와 개구리, 인간과 개, 도마뱀과 닭 모두 생명이 출현한 이후 약 40억 년이라는 동일한 세월의 시간을 진화해온 생물이다. 그리고 육지 생활이라는 점에서 보면 이 계통수 중에서 가장 뛰어난 종은 도마뱀과 닭이다.

만약 "달리기 속도가 빠른 것"을 "뛰어나다"고 한다면, 개가 가장 뛰어난 생물일 것이다. "수영 속도가 빠른 것"은 잉어이고, "계산이 빠른 것"은 인간일 것이다. 무엇을 "뛰어나다"고 하느냐에 따라서, 즉 무엇을 "진보"라고 생각하느냐에 따라서 생물의 순서는 바뀐다.

앞에서 "육지 생활에 적합한 것"을 "뛰어나다"고 했는데, "수중 생활에 적합한 것"을 "뛰어나다"고 한다면 이야기는 반대가 된다. 도마뱀은 육지 생활에 적합한 특징이 발달했지만, 이는 수중 생활에 적합한 특징은 퇴화했음을 의미한다(참고로 "퇴화"의 반대는 "진화"가 아닌 "발달"이다. 생물이 가진 구조가 작아지거나 단순해지는 것이 퇴화이며, 크거나 복잡해지는 것이 발달이다. "퇴화"도 "발달"도 진화의 일종이다). "수중 생활에 적합한 것"을 "뛰어나다"고 생각하면, 물론 가장 뛰어난 생물은 잉어가 된다.

다양한 측면으로 생각해보면 객관적으로 뛰어난 생물은 없다는 사실을 알 수 있다. 육지 생활에 뛰어난 생물은 수중 생활에 뒤떨어진 생물이다. 달리기에 뛰어난 생물은 힘이 약한 생물이다. 치타처럼 빨리 달리기 위해서는 사자와 같이 강한 힘은 단념해야 한다.

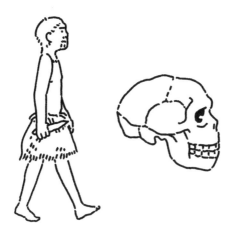

그림 14-2 네안데르탈인

그리고 계산을 잘하는 생물은 공복에 약한 생물이다. 뇌는 대량의 에너지를 사용하는 기관이다. 우리 인간의 뇌는 몸무게의 2퍼센트밖에 차지하지 않지만 몸 전체에서 소비하는 에너지의 20-25퍼센트나 사용한다. 커다란 뇌는 계속해서 에너지를 사용하므로 그만큼 많이 먹어야 한다. 혹시 기근이 발생해서 농작물을 수확하지 못하게 되어 먹을 것이 없어지면, 뇌가 큰 인간부터 죽게 될 것이다. 따라서 식량 사정이 나쁠 때에는 뇌가 작은 편이 "우수한" 상태인 것이다.

실제로 인류가 진화해온 길을 살펴보면 뇌 크기의 변화는 일직선을 그리지 않는다. 네안데르탈인은 우리 인간보다 뇌가 컸지만 멸종했고, 우리 인간은 살아남았다(그림 14-2). 그런 우리 인간도 최근 1만 년 정도는 뇌가 작아지는 쪽으로 진화하고 있다. 이 사실들은 뇌가 크다고 해서 좋기만 한 것은 아님을 방증한다.

"어떤 조건에서 우수하다"는 것은 "다른 조건에서는 열등하다"는 것이다. 따라서 모든 조건에서 뛰어난 생물은 이론적으로 있을 수 없다. 그리고 모든 조건에서 뛰어난 생물이 없는 이상 진화는 진보라고 할 수 없다. 생물은 그때그때 환경에 적응하도록 진화할 뿐이다.

다윈 이전에도 생물이 진화한다고 생각한 사람은 많았다. 그러나 체임버스도 스펜서도 모두 진화는 진보라고 생각했다. 진화가 진보가 아님을 정확히 제시한 사람은 다윈이 처음이었다. 그렇다면 다윈은 어떻게 진화는 진보가 아니라는 사실을 깨달았을까?

"존재의 대사슬"을 뛰어넘은 진화

다윈이 진화는 진보가 아님을 깨달은 것은 생물이 자연선택으로 진화한다는 사실을 발견했기 때문이다. 여기에서 다윈이 자연선택을 발견했다고 오해하기 쉬운데 그렇지는 않다. 다윈이 발견한 것은 "자연선택"이 아닌 "자연선택에 의해서 생물이 진화한다"는 사실이었다.

자연선택에 관해서 간단히 설명하자면, 자연선택은 두 단계로 이루어진다.

첫 번째 단계는 유전되는 변이(유전적 변이)가 생기는 것이다. 달리기가 빠른 부모에게서 달리기가 빠른 아이가 태어나는 경향이 있다면, 달리는 속도의 차이는 유전적 변이이다. 반면 훈련을 통해서 단련된 근육은 아이에게 이어지지 않기 때문에 유전적 변이가 아니다.

두 번째 단계는 유전적 변이에 따라서 자손의 수에 차이가 생기는 것이다. 여기에는 달리기가 느린 개체보다 달리기가 빠른 개체의 자손이 많은 경우 등이 해당된다. 이때 자손의 수는 단순히 태어나는 자손의 수가 아니다. 태어난 후에 얼마나 오래 살아남을지도 생각해보아야 한다. 구체적으로 말하자면 부모의 나이와 자녀의 나이를 동일하게 놓는 것이다. 가령 부모의 수를 25세 시점에서 센다면, 자손의 수도 25세까지 살아남은 아이들을 기준으로 센다.

이 두 단계를 통과하면 자식의 수가 많아지는 유전적 변이를 가진 개체가 자동으로 늘어난다. 생각해보면 자연선택은 간단하다. 요컨대, 달리기가 빠른 사슴보다 달리기가 느린 사슴이 표범에게 먹혀서 그 수가 감소하게 된다. 이것은 누구나 알 수 있다. 실제로도 『종의 기원』이 출간되기 전부터 생물에 자연선택이 작용한다는 것은 상식이었다. 당시에도 진화에 관심이 있는 사람이라면 누구나 알고 있었다. 그런데도 왜 다윈이 자연선택을 발견한 것처럼 오해를 받을까?

사실 자연선택은 크게 두 종류로 나뉜다. 안정화 선택과 방향성 선택이다.

안정화 선택이란 평균적인 변이를 가진 개체가 자손을 가장 많이 남기는 경우이다. 예를 들면 키가 너무 크거나 반대로 키가 너무 작아서 병에 걸리기 쉽고, 그 결과 자손을 많이 남기지 못하는 경우가 여기에 해당된다. 이런 경우에는 키가 중간 정도인 개체가 자손을 가장 많이 남기게 된다. 즉 안정화 선택은 생물에 변화가 없도록 작용하는 것이다.

반면 방향성 선택은 극단적 변이를 가진 개체가 자손을 많이 남기는 경우이다. 예를 들면 키가 큰 개체는 사자를 빨리 찾을 수 있기 때문에 도망칠 확률이 높고, 그 결과 자손을 많이 남길 수 있다. 이 경우에는 키가 큰 개체가 늘어나게 된다. 이처럼 방향성 선택은 생물이 변화하도록 작용하는 것이다.

안정화 선택이 존재한다는 사실은 다윈이 『종의 기원』을 출판하기 전부터 널리 알려져 있었다. 즉 당시에는 자연선택이 생물을 진화시키지 않는 힘이라고 생각했다. 그런데 다윈은 그와 더불어 자연선택에는 생물을 진화시키는 힘도 있다고 생각했다. 그는 방향성 선택을 발견한 것이다.

방향성 선택이 작용하면 생물은 자동으로 환경에 적응하도록 진화한다. 한 예로 날씨가 덥고 춥고를 반복한다고 하자. 이런 경우에 생물은 더위에의 적응과 추위에의 적응을 몇 번이고 반복할 것이다. 생물의 진화에 목적지는 없다. 눈앞의 환경에 자동으로 적응할 뿐이다. 이런 진화라면 분명 진보와는 관계가 없으므로, 다윈은 진화가 진보가 아님을 깨달았을 것이다.

지구에는 멋진 생물이 무척이나 많다. 작은 세균에서부터 키가 100미터가 넘는 거목, 풍요로운 생태계를 키우는 토양을 만드는 미생물, 넓은 바다를 헤엄치는 고래, 하늘을 나는 새, 그리고 우수한 지능을 가진 인간. 방향성 선택은 이런 다양한 생물을 만들 수 있다. 만약 진화가 진보였거나 세계가 "존재의 대사슬"이었다면, 즉 일직선의 흐름밖에 없었다면 이토록 훌륭한 생물 다양성은 실현되지 않았을 것이다. 우리가 보고 있는 지구의 생물 다양성은 "존재의 대사슬"을 넘어선 것이다.

진화라고 하면
한 방향을 상상하기 쉽지만…

실제 진화는 그물코처럼
진행될지도 몰라.

제15장

유전의 원리

계속 쌓는 것이 중요하다

오늘날의 지구에서 생물만이 다양성을 지닌 것은 아니다. 광물에도 루비나 수정 등 많은 종류가 있고, 하늘에 떠 있는 구름도 뭉게구름, 비늘구름 등 종류가 다양하다. 그러나 지구에서 다양성이 가장 높은 것은 역시 생물이다. 제13장에서 설명한 바와 같이 현재 생물 다양성은 감소하고 있지만, 그래도 다른 것과 비교하면 압도적으로 높은 다양성이 있다. 생물은 왜 이렇게 다양할까?

최근에는 옛날만큼 유행하지 않는 듯하지만, 아이들 장난감 중에 블록이 있다. 크기가 다른 여러 종류의 블록들을 서로 끼워맞추면 여러 가지 모양을 만들 수 있다.

어느 날 아이가 블록으로 집을 만들고 놀았다. 그리고 놀이를 마치면 집을 하나하나 분해해서 다시 블록 조각으로 만든 다음 상자에 보관했다. 보통은 이런 일이 반복된다. 놀이가 끝날 때마다 처음 상태로 되돌아가고, 매일 처음부터 다시 만들기 시작하므로 너무 복잡한 대상은 만들 수 없다.

그러나 다 놀고 나서도 치우지 않으면 어떻게 될까? 예를 들면 블록으로 집을 만들어놓고는 놀이가 끝나도 그대로 놓아두는 것이다. 그리고 다음 날이 되면 전날 만든 블록 집에서부터 다시 시작한다. 그 집에 새롭게 2층을 얹어도 좋고 주변에 정원을 만들 수도 있다. 절반쯤 부수고 새 단장을 해도 좋다. 그리고 놀이가 끝나면 다시 그대로 둔다. 이것을 반복하면(그리고 블록이 많으면) 점차 복잡한 것을 만들 수 있다.

그리고 "복잡한 것을 만들 수 있다"는 것은 "다양한 것을 만들 수 있다"는 것을 의미한다. 블록의 수가 적으면 간단한 것만 만들 수 있으므로 다양성이 낮다. 복잡성이 다양성을 낳는 것이다. 그러기 위해서는 놀이가 끝나도 정리하지 않고 계속해서 쌓는 것이 중요하다.

생물과 구름의 차이는 계속 쌓아나갈 수 있는가의 여부에 있다. 구름은 부모가 자식을 낳는 구조가 아니다. 구름이 생길 때에는 하나하나 처음부터 다시 만들어진다. 그래서 다양성이 크게 높아지지 못한다. 그러나 생물의 경우에는 부모에게서 자식이 태어난다. 그렇게 특징이 쌓여가므로 다양성은 높아진다.

놀이가 끝나도 블록을 정리하지 않는 것을 생물로 치면 유전에 해당한다. 아이가 부모의 특징을 물려받고 그것을 계속해서 축적해갈 수 있었기 때문에 다양한 생물이 탄생한 것이다.

덧붙이면 생물은 단순해질 수도 있다. 복잡해질 뿐만 아니라 단순해질 수도 있으므로 생물의 다양성은 더욱 높아졌을 것이다. 이런 생물 다양성을 만드는 데에 기초가 되는 유전이란 무엇일까?

생물의 유전 정보

우리 인간의 세포에는 핵막으로 싸인, 핵이라는 구조가 있다. 그 핵 속에는 46개의 염색체가 들어 있다. 염색체는 주로 단백질과 DNA로 이루어져 있으며, 생물의 유전 정보는 이 DNA라는 분자에 새겨져 있다.

단백질과 DNA는 끈처럼 긴 분자이다. 단백질은 펩티드 결합으로 많은 아미노산이 연결된 것이고, DNA는 인산다이에스터 결합으로 뉴클레오티드가 연결된 것이다(그림 15-1). 뉴클레오티드는 당과 인산, 염기가 결합한 분자이다. 뉴클레오티드에서 DNA를 구성하는 당과 인산 부분은 모두 동일하지만 염기는 네 종류가 있다. DNA 속에서 이 네 종류의 염기가 나열된 방식이 뒤에서 설명하는 유전 정보이다.

펩티드 결합도 인산다이에스터 결합도 결합할 때에 2개의 수소 원자와 1개의 산소 원자(즉 1개의 물 분자에 해당)가 분리된다(그림 15-2). 따라서 단백질이나 DNA를 분해할 때에는 반대로 물이 추가되어야 한다. 다시 말해서 단백질이나 DNA는 가수 분해 분자인 것이다.

DNA를 조금 자세히 살펴보자. 뉴클레오티드는 당과 인산과 염기 세 부분으로 이루어져 있다(그림 15-3). 당과 인산은 DNA의 어느 부분에서나 같지만 염기는 아데닌(A)과 티민(T), 구아닌

단백질

↓아미노산   ↓펩티드 결합

DNA

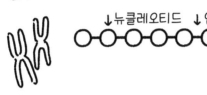

↓뉴클레오티드 ↓인산다이에스터 결합

그림 15-1 단백질과 DNA

(G)과 시토신(C) 네 종류가 있다. 그래서 뉴클레오티드가 많이 연결되면 네 종류의 염기가 다양한 순서로 나열된다. 예를 들면 AATCGGA와 같은 느낌이다. 이 염기의 나열 방법, 즉 염기서열이 주요 유전 정보가 된다.

이 네 가지 염기에는 특정 염기하고만 결합한다는 훌륭한 특징이 있다. 구체적으로 보면 A와 T가 결합하고, G와 C가 결합한다. 그 이외의 조합으로는 결합하지 않는다. A와 C는 결합하지 않고 G와 G처럼 동일 염기끼리도 결합하지 않는다. 이 성질을 이용하면 한 예로 AATCGGA라는 염기서열을 가진 DNA를 거푸집 삼아서 TTAGCCT라는 DNA를 만들 수 있다. 나아가서 그 DNA를 거푸집으로 삼으면 최초의 DNA와 같은 염기서열의 DNA를 새

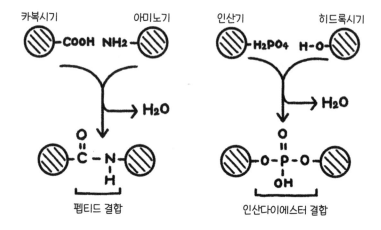

카복시기 아미노기   인산기 히드록시기

펩티드 결합

인산다이에스터 결합

그림 15-2 펩티드 결합과 인산다이에스터 결합

롭게 만들 수도 있다. 따라서 DNA라는 분자는 그 복제를 간단히 만들 수가 있다. 따라서 한 세포(모세포)가 분열해서 2개의 딸세포가 될 때에 DNA를 복제하면 양쪽 딸세포에 같은 DNA를 건넬 수가 있다. 즉 부모에게서 아이들에게 DNA를 물려줄 수 있는 것이다.

이처럼 DNA에서는 염기가 중요하기 때문에 DNA를 만드는 뉴클레오티드 수에 대해서는 조금 색다른 계산을 한다. 이를테면 뉴클레오티드가 5개 연결된 DNA를 "5뉴클레오티드의 DNA"라고 하지 않고 "5염기의 DNA"라고 한다. "5뉴클레오티드의 DNA"가 맞지만 "5염기의 DNA"가 관습이 되었다. 그래서 이 책에서도 "5염기의 DNA"라고 하겠다.

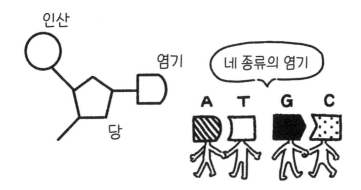

그림 15-3 뉴클레오티드

 DNA는 이중가닥인 경우가 많다. 예를 들면 그림 15-4는 4염기의 DNA가 이중가닥으로 되어 있는 그림이다. 이 경우는 "쌍"을 이룬다는 의미에서 "4염기쌍 DNA"라고 한다.

 DNA가 이중가닥으로 되어 있는 이유는 염기끼리 결합하기 쉽기 때문이다. 가령 같은 DNA 중에서도 A와 T 혹은 G와 C는 쉽게 결합한다. 따라서 DNA는 말하자면 셀로판테이프와 같은 분자이다. 염기가 돌출된 쪽, 즉 찰싹찰싹 달라붙는 면과 염기가 없는 쪽, 즉 반들반들해서 달라붙지 않는 면이 있다. 이런 DNA를 한 줄로 길게 늘어놓는 것은 어렵다. 바로 달라붙고 접혀서 수습이 되지 않는다.

 그러나 이중가닥으로 되어 있으면 그런 일은 일어나지 않는다.

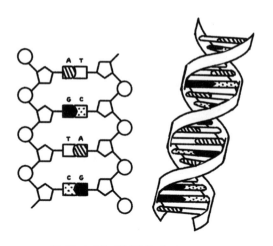

그림 15-4 4염기쌍 DNA와 이중나선 구조

만약 2개의 셀로판테이프가 잘 포개져서 달라붙는 면을 바깥쪽으로 노출하지 않으면 길게 늘어놓을 수가 있다. 그리고 필요할 때에만 일부를 벗겨내면 된다. DNA의 경우도 염기서열을 읽을 때에는 이중가닥을 떼어내서 외가닥으로 만든다.

단백질은 DNA의 염기서열로 만들어진다

DNA의 염기서열이 정보로 사용될 때에는 DNA를 닮은 RNA 분자에 염기서열이 전사(복사)된다. 그리고 RNA의 염기서열을 바탕으로 아미노산을 나열해서 단백질을 합성한다. 구체적으로는 DNA나 RNA에서 3개의 염기가 단백질의 하나인 아미노산에 대응한다. 예를 들면 AGC라는 3개의 염기는 세린이라는 1개의 아미노산에 대응한다. 이런 3개의 염기(코돈[codon]이라고 한다)와 아미노산 1개의 대응 방법을 유전 암호라고 한다(그림 15-5).

코돈 중에는 아미노산에 대한 대응뿐만 아니라 RNA에서 단백질에 대한 번역을 개시하는 신호(개시 코돈)와 번역을 끝내는 신호(종결 코돈)도 있다. 다만 개시 코돈은 아미노산의 일종인 메티오닌(methionine)에 대응하는 코돈과 겸용이다.

단백질을 만드는 아미노산에는 많은 종류가 있다. 그러나 갓 만들어진 단백질에는 대개 아미노산이 20종(드물게는 21종. 인간도 21번째 아미노산인 셀레노시스테인[selenocysteine]을 사용하는 경우가 있다) 있다. 이후 화학반응에 따라서 아미노산을 변화시킬 수 있으므로 대개 하나의 단백질을 만드는 아미노산은 20종보다 많아진다.

한편 RNA의 염기는 4종밖에 없다. RNA에서는 DNA의 T 대신 우라실(U)이 사용되는데, 그밖의 세 염기는 DNA와 같기 때문에 RNA의 염기도 네 종류이다. 염기를 3개 나열한 코돈은 4×4×4=64종이므로 20종의 아미노산을 지정할 수 있다(고 할까, 코돈의 종류가 더 많으므로 다른 코돈이 같은 아미노산을 지정하기도 한다).

단백질은 실제로 화학반응을 비롯한 생명 현상이 일어나는 분자이다. 생물에게 가장 중요한 분자라고 해도 지나치지 않다. 그

제1문자	제2문자				제3문자
	U	C	A	G	
U	UUU 페닐알라닌	UCU 세린	UAU 티로신	UGU 시스테인	U
	UUC 페닐알라닌	UCC 세린	UAC 티로신	UGC 시스테인	C
	UUA 류신	UCA 세린	UAA 종결	UGA 종결	A
	UUG 류신	UCG 세린	UAG 종결	UGG 트립토판	G
C	CUU 류신	CCU 프롤린	CAU 히스티딘	CGU 아르기닌	U
	CUC 류신	CCC 프롤린	CAC 히스티딘	CGC 아르기닌	C
	CUA 류신	CCA 프롤린	CAA 글루타민	CGA 아르기닌	A
	CUG 류신	CCG 프롤린	CAG 글루타민	CGG 아르기닌	G
A	AUU 이소류신	ACU 트레오닌	AAU 아스파라긴	AGU 세린	U
	AUC 이소류신	ACC 트레오닌	AAC 아스파라긴	AGC 세린	C
	AUA 이소류신	ACA 트레오닌	AAA 리신	AGA 아르기닌	A
	AUG 메티오닌*	ACG 트레오닌	AAG 리신	AGG 아르기닌	G
G	GUU 발린	GCU 알라닌	GAU 아스파라긴산	GGU 글리신	U
	GUC 발린	GCC 알라닌	GAC 아스파라긴산	GGC 글리신	C
	GUA 발린	GCA 알라닌	GAA 글루타민산	GGA 글리신	A
	GUG 발린	GCG 알라닌	GAG 글루타민산	GGG 글리신	G

* 개시 코돈

그림 15-5 유전 암호표

분자를 만드는 방법(아미노산 배열)이 DNA 속에 염기서열로 새겨져 있다. 그렇다면 왜 DNA에서 단백질을 만들 때에 도중에 RNA가 들어갈까?

우리의 DNA는 대부분 세포의 핵 안에 있다(일부 DNA는 미토콘드리아에 있는데, 그 길이가 핵 속 DNA의 약 20만 분의 1이다). 반면 단백질을 만드는 리보솜 구조는 핵의 바깥에 있다. 여기에서 정보를 운반하는 일을 담당하는 것이 RNA이다. 핵 속에서 DNA의 염기서열을 전사한 RNA는 핵 바깥으로 나와서 리보솜으로 단백질을 합성한다. 리보솜은 주로 단백질과 RNA로 구성되며, RNA의 유전 정보에 따라서 아미노산을 연결하여 단백질을 만든다.

덧붙이면 우리는 유전자라는 말을 자주 듣는다. 나도 이 책에서 이 말을 여러 번 사용한 바 있다. 그런데 유전자라는 말에는 명확한 정의가 없다(거꾸로 말하면 그 점이 편리해서 자주 사용될 것이다). 일단은 DNA 중에서 하나의 단백질을 만들기 위해서 지정한 아미노산의 일부를 하나의 유전자라고 하는 경우가 많은데, 이때 DNA 이외의 부분을 포함하는 경우도 있고 애초에 DNA를 사용하지 않는 정의도 있다. 예를 들면 "떡잎을 노랗게 만드는 유전자"처럼 눈에 보이는 특징의 원인을 유전자라고 부르는 경우에는 DNA 안에 있는 여러 부분이 관여하기도 한다.

DNA의 염기서열 이외의 유전 정보

우리의 인생은 수정란에서 시작된다. 수정란은 정자와 난자의 수정으로 생긴 하나의 세포이지만, 이 시점에서는 아직 핵이 1개가 아니다. 정자에서 온 웅성전핵(male pronucleus)과 난자에서 온 자성전핵(female pronucleus), 2개의 핵이 있다. 이 핵들은 DNA의 염기서열이라는 점에서는 동등할 것이다. 따라서 수정란 안에 웅성전핵과 자성전핵이 1개씩 있지 않아도, 가령 자성전핵이 2개 있어도 정상적으로 발생할 것이다.

이것에 착안하여 실험용 쥐를 이용한 실험이 이루어졌다. 수정란에서 전핵 1개를 빼내고, 다른 수정란에서 가져온 전핵을 1개이식한 뒤 발생이 진행되는지 살펴본 것이다. 그런데 결과를 보니 웅성전핵을 2개 혹은 자성전핵을 2개 가진 수정란은 정상적으로 발생하지 않았다. 이것은 이식이라는 조작이 수정란에게 나쁜 영향을 주었기 때문이 아니었다. 왜냐하면 비록 이식 조작을 했더라도 웅성전핵과 자성전핵을 1개씩 가진 수정란은 정상적으로 발생했기 때문이다.

이 실험 결과에 따르면, 웅성전핵과 자성전핵에는 DNA의 염기서열 외에 무엇인가 다른 정보가 있는 것이 분명하다. 이처럼 핵 속의 염색체가 DNA의 염기서열 이외의 정보를 전달하는 것을 후성유전학적 유전이라고 한다.

후성유전학적 유전은 여러 가지인데, DNA 외에 단백질과도 관계가 있지만(히스톤[histone]이라는 단백질에 아세틸기가 붙는 아세틸화 등), 가장 유명한 후성유전학적 유전은 DNA에 메틸기가 붙는 메틸화이다.

DNA에 있는 네 종류의 염기(A, T, G, C) 중에서 메틸화가 일어나는 것은 시토신(C)이다. 시토신이 메틸화하면, 즉 시토신에 메틸기($-CH_3$)가 결합하면 메틸화 시토신이 된다. 이 메틸화 시토신이 다섯 번째의 염기가 되어서 정보를 전달한다.

이렇듯 메틸화된 DNA의 일부는 다음 세대에도 전해지므로 유전 정보이다. 앞에서 웅성전핵이나 자성전핵의 후성유전학적 유전도 정자나 난자를 통해서 부모에게서 전해진 정보이므로 유전 정보이다. 정보량은 DNA의 염기서열이 가장 많지만 후성유전학적 유전도 유전 정보를 담당하고 있는 것이다.

게다가 후성유전학적 유전의 일부, 가령 DNA의 메틸화는 환경에 의해서 달라질 수 있다. 예를 들면 서양 민들레는 영양 상태가 달라지면 메틸화의 패턴도 달라진다. 그리고 이 변화된 패턴은 그다음 세대에도 전달된다. 부모가 살아 있는 동안에 획득한 형질이 자손에게 전달된 것이므로, 이것은 획득형질의 유전이다. 획득형질의 유전은 프랑스의 생물학자인 장 바티스트 라마르크(1744-1829)를 비롯한 사람들이 주장했지만 일반적으로는 잘못되었다고 간주되어왔다. 그런데 그것이 옳았던 것일까?

장 바티스트 라마르크

확실히 획득형질의 유전은 존재한다. 그렇다고 이것이 라마르크의 설이 옳다는 것을 뜻하지는 않는다.

라마르크가 주장한 생각은 용불용설(theory of use and disuse)이라고 한다. 부모 세대가 자주 사용해서 기관이 발달하면, 그 기관이 자녀 세대에게도 전해진다는 설이다. 여기에서는 "용불용 획득형질의 유전"이라고 부르겠다.

한편, 서양 민들레의 사례에서 살펴본 획득형질이 유전 현상은 환경의 변화가 원인으로 알려져 있다. 환경의 변화 때문에 DNA의 메틸화 등 후성유전학적 유전이 일어난 것이다. 여기에서는 이것을 "환경 요인에 의한 획득형질의 유전"이라고 부르겠다.

현재 라마르크의 주장과 같이 용불용 획득형질의 유전이 존재한다는 증거는 없다. 그러나 환경 요인에 의한 획득형질의 유전은 다양한 생물들에서 보고되고 있으며, 그 존재를 확실히 알 수 있다. 한 예로 서양 민들레를 저영양 상태로 유지하면 DNA의 메틸화 상태가 변하는데, 다음 세대의 서양 민들레 DNA는 저영양 상태가 아니어도 메틸화 상태가 앞 세대와 동일해진다고 보고되었다. 즉 획득형질의 유전은 존재하는 것이다.

그런데 생각해보면 환경 요인에 의한 획득형질이 유전되는 것은 당연하다. 가령 방사선을 쐬면 DNA의 염기서열이 변한다. 그리고 그 염기서열의 변화는 자손에게도 유전된다. 그러므로 이 방사선에 의한 DNA의 염기서열 변화도 획득형질의 유전이다. 다만 라마르크의 주장이 옳았던 것은 아니다. 환경 요인에 의한 획득형질이 유전되는 것은 확실하지만, 다른 한편 용불용 획득형질의 유전은 (확실한) 증거가 전혀 없다.

이 장에서는 유전의 원리를 설명했다. 이 지식은 우리의 생활에 가까운 문제를 생각할 때에 기초가 된다. 다음 장부터는 생활과 관련이 있는 주제를 생물학의 관점에서 생각해보자.

복습.
뉴클레오티드 5개가
연결된 DNA를
뭐라고 할까요?

제16장

꽃가루 알레르기는
왜 생길까?

농사짓는 곤충

중남 아메리카에 서식하는 가위개미(잎꾼개미)는 이름에서 알 수 있듯이 나뭇잎을 자르는 개미이다. 자른 잎을 이용해서 농사를 짓는 매우 특이한 개미이다. 농사를 짓는 가위개미의 습성은 약 5,000만 년 전에 진화한 것으로 추정된다. 인간이 농사를 짓기 훨씬 전부터 농사를 지어온 셈이다.

가위개미는 잎을 잘라서 둥지로 나른다(그림 16-1). 그런데 잎이 개미보다 커서 마치 수많은 잎들이 스스로 땅 위를 걸어가는 것처럼 보인다. 잎을 운반하는 길은 정해져 있는데, 어떤 종의 가위개미는 약 100미터나 길게 뻗는 길을 잘 닦아놓았다고 한다. 이렇게 잎을 나르는 가위개미가 있는가 하면 가위개미 중에서도 작은 일개미들은 길옆에서 순찰을 돌고, 병사개미는 굴을 지킨다고 한다.

가위개미의 농장은 지하 굴속의 방인데, 이곳에서 가위개미는 바닥에 잎을 깔고 버섯류를 재배한다. 여러 마리의 가위개미들이 잡초를 뽑거나 자신들의 분변을 비료로 주면서 버섯을 잘 키워서 수확한다.

그림 16-1 가위개미

　이런 가위개미의 농장에도 병원균이 침입하는 경우가 있다. 그래서 가위개미는 몇 가지 항생 물질을 사용한다. 그런데 계속 같은 항생 물질을 쓰다 보면 그것에 내성을 가진 병원균이 나타나지 않을까?

　인간의 농장에서도 잡초를 없애기 위해서 여러 가지 농약을 사용하지만, 사용을 시작하고 10년 정도가 지나면 농약에 내성을 가진 잡초가 생긴다. 그래서 농약을 바꾸거나 다른 농약을 첨가해야만 한다. 그렇다면 오랜 세월(일설에 따르면 수백만 년 동안) 같은 항생 물질을 계속 사용해온 가위개미의 농장은 어느새 폐허가 되지 않았을까?

　분명히 그럴 수 있을 것 같다. 그러나 대체로 농장은 잘 돌아가고 있다. 즉 대부분의 경우 가위개미가 사용하는 항생 물질은 계속해서 효능을 발휘하고 있다. 그 이유가 무엇일까?

항생 물질은 왜 세균만 죽일까

세계 최초로 발견된 항생 물질은 페니실린이다. 1928년에 영국의 세균학자인 알렉산더 플레밍(1881-1955)은 포도알균을 배양하던 샬레(세균을 배양하는 작은 접시)에 곰팡이가 섞여 있는 것을 발견했다. 묘하게도 곰팡이 주위에는 포도알균의 군체가 녹아 있었다. 플레밍은 이를 보고 곰팡이가 세균을 죽이는 물질을 분비한다고 생각했다. 그것이 페니실린의 발견으로 이어졌다는 일화는 매우 유명하다.

세균은 세포 바깥쪽에 세포벽을 가지고 있다(식물 세포가 가진 세포벽과는 전혀 다르다). 이 세포벽은 세균이 살아가기 위해서 반드시 필요하며, 다양한 화학반응으로 이루어진 복잡한 과정을 통해서 만들어진다. 따라서 이 과정을 변경하거나 다른 방법으로 세포벽을 만드는 것은 쉽지 않다.

그런데 페니실린은 세포벽을 만드는 이 과정의 최종 단계를 방해한다. 따라서 많은 세균이 페니실린에 의해서 죽는 것이다. 설령 세균의 DNA가 바뀐다고 해도 페니실린의 저주에서는 좀처럼 벗어나지 못한다. 그래서 페니실린은 오래 전부터 줄곧 많은 세

균들에 효능을 보였고 지금
도 여전히 제 몫을 톡톡히 해
내고 있다.

반면 우리 인간은 세균이
아닌 진핵생물이다. 진핵생
물에는 (세균과는 달리) 세포
벽이 없다. 페니실린이 방해
할 세포벽을 애초에 지니고

알렉산더 플레밍

있지 않으니 인간에게는 페니실린이 효력이 없고, 세균의 생존만
방해하는 것이다.

물론 페니실린 같은 항생 물질도 완벽하지는 않으며, 페니실린
이 기능하지 못하는 세균도 나타나고 있다. 가위개미 역시 여러
종류의 항생 물질을 이용해서 나름대로 애를 쓰고 있는 것이 분
명하다.

진균이 자라는 파리

우리 주변에는 세균과 바이러스 같은 수많은 병원체가 존재한다.
이 병원체가 우리의 몸속으로 침입하는 것을 1차적으로 막아주
는 기관이 피부이다. 피부의 세포와 세포는 매우 조밀하게 밀착
되어 있어서 세균이나 바이러스가 통과하지 못한다.

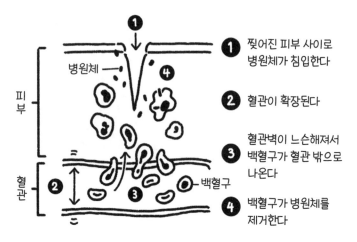

그림16-2 면역이 작동하는 과정(『면역과 "병"의 과학』을 수정)

그러나 부상을 입어서 피부가 찢어지면 그 틈을 타고 병원체가 침입한다. 그러면 이것에 반응하여 가까운 혈관이 확장되고 혈관 벽이 느슨해져서 백혈구가 혈관 바깥으로 나온다. 백혈구가 병원체를 제거하는 이 체계를 면역이라고 한다(그림 16-2).

우리 인간의 면역은 자연면역과 획득면역으로 구분된다. 종류가 다양한 백혈구 역시 자연면역 담당(대식 세포나 수상 세포 등)과 획득면역 담당(B 세포와 T 세포)이 있다. 병원체가 침입했을 때에는 자연면역이 가장 먼저 작동한다.

과거에는 자연면역을 모든 병원체를 통틀어 상대하는 포괄적이고 단순한 체계라고 규정했었다. 그런데 사실 자연면역은 복잡한 체계이며, 다양한 병원체를 구별해서 그에 적합한 공격을 한

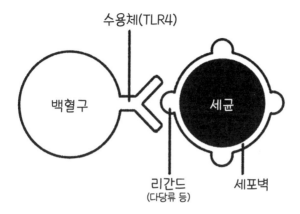

그림 16-3 수용체와 리간드

다는 사실이 밝혀졌다.

가령 세포의 표면에 단백질 A가 튀어나와 있다고 하자. A는 세포의 일부이다. 그 A에 외부에서 온 분자 B가 결합한다. B는 단백질일 수도 있고, 단백질이 아닐 수도 있다. 그때 A를 수용체, B를 리간드라고 한다.

자연면역을 담당하는 백혈구에도 수용체가 있다. 이 수용체가 침입한 병원체의 종류를 구별한다. 그중 하나가 톨 유사 수용체(toll-like receptor, TLR)인데, 종류가 다양하다. 예를 들면 TLR3은 바이러스와, TLR4는 세균과, TLR5는 기생충과 결합한다. 그렇게 병원체의 종류를 파악한 후에 공격을 시작하는 것이다. 참고로 TLR4는 구체적으로 말하자면 세균의 세포벽에 있는 다당

그림 16-4 톨 유전자가 작동하지 않는 초파리

류 등과 결합한다. 앞에서 말했듯이 세균이 세포벽을 변화시키기는 어렵기 때문에 TLR4는 장기간에 걸쳐서 유효한 수용체라고 할 수 있다(그림 16-3).

　면역 반응의 대부분(일설에 따르면 95퍼센트)은 자연면역이다. 척추동물 이외의 생물은 자연면역만 가지고 있는데 이것만으로도 병원체로부터 충분히 몸을 지킬 수 있다. 자연면역이란 매우 중요한 것이다.

　가령 톨 유사 수용체를 만드는 톨 유전자가 작동하지 않으면, 그것만으로도 초파리의 몸에는 진균이 빽빽이 자라게 되어 결국 초파리가 살 수 없게 된다(그림 16-4).

수십억이나 되는 항체의 종류

우리 척추동물에게는 자연면역과 함께 획득면역도 있다. 병원체가 몸속에 침입하면 바로 출동하는 자연면역과 달리 획득면역이 작동하기까지는 며칠이 걸린다. 그런데 이렇게 작동하기까지 시간이 많이 걸리면 면역이 있는 것이 아무런 의미도 없지 않을까?

예를 들면 대장균은 조건이 갖춰지면 약 20분에 한 번 분열한다. 단순하게 계산하면 1시간에 8배로 늘어나고 반나절이면 약 700억 배가 된다. 실제로는 이렇게까지 늘어나지 않는다고 해도 획득면역이 작동할 때까지 느긋하게 기다리다가는 그 사이에 몸 전체가 병원균투성이가 되어서 우리는 죽고 말 것이다. 병원균이 침입했을 때에 자연면역처럼 빠르게 대처해야 한다.

그런데도 인간에게는 왜 획득면역이 있는 것일까? 그 이유는 병원체를 제거하는 힘이 강하기 때문이다.

병원체의 종류는 매우 다양하다. 자연면역도 병원체의 종류를 구분하지만 그 수는 기껏해야 수십 종에 불과하다. 이에 비해서 획득면역이 구분하는 병원균의 종류는 굉장히 많아서 수십억 종이나 된다고 한다. 구분할 수 있는 병원체의 종류가 이렇게 많으면 몸속에 어떤 병원체가 침입해도 대처할 수 있을 것이다.

획득면역에도 여러 종류가 있지만, 항체가 그 대표라고 할 수 있다. 이는 획득면역을 담당하는 B 세포(라는 백혈구)가 만드는

그림 16-5 대식 세포

단백질(면역 글로불린)로, 병원체와 결합함으로써 병원체를 공격한다. 구체적으로는 항체가 병원체를 에워싸서 활동을 하지 못하게 하거나, 병원체끼리 연결해서 침전시키거나, 항체 스스로가 병원체와 결합해서 대식 세포에 먹히기 쉽게 만든다. 대식 세포는 백혈구의 하나로, 아메바처럼 움직이며 병원체 같은 것들을 먹는 세포이다(그림 16-5). 이 대식 세포의 활동을 돕는 것이다.

이러한 항체의 종류가 수십억 개나 된다고 한다. 그러나 곰곰이 생각해보면 이것은 이상한 이야기이다.

221쪽에서 유전자를 정확하게 정의하기 어렵다고 했지만, 여기에서는 하나의 단백질을 만들기 위해서 지정한 아미노산을 하나의 유전자라고 생각해보자. 다시 말해서 하나의 유전자가 하나의 단백질에 대응하는 것이다. 이 경우에 인간의 DNA에는 약 2만 개의 유전자가 있는 셈이다.

도네가와 스스무

그런데 항체는 면역 글로불린이라는 단백질이다. 하나의 유전자에서 하나의 단백질이 만들어지므로 유전자가 2만 개밖에 없다면 단백질은 2만 종보다 적을 것이다. 그런데도 어떻게 이렇게 많은 종류의 항체가 존재할까?

1987년에 노벨 생리의학상을 수상한 도네가와 스스무가 이 수수께끼를 풀었다. 그때까지는 인간이 한번 태어나면 DNA에는 변화가 없다고 생각했었다. 그러나 도네가와는 인간이 태어난 뒤에도 DNA는 변한다는 사실을 발견했다. 그런 변화가 항체의 다양성을 낳는 원리였던 것이다.

인간의 항체는 IgG와 IgM과 IgA, IgD 그리고 IgE 총 다섯 가지의 하위기관(종류)으로 나뉜다. 참고로 Ig란 면역 글로불린(immunoglobulin)의 약자이다. 이 중에서 IgG가 가장 많으며 항체 전체의 약 75퍼센트를 차지한다. 한편 가장 적은 IgE는 0.001퍼센트 이하 수준에 불과하지만 꽃가루 알레르기를 일으키는 항체로 유명하다.

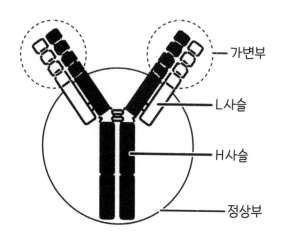

가변부

L사슬

H사슬

정상부

그림 16-6 IgG의 H사슬과 L사슬

이들 다섯 종류의 항체 각각이 더 많은 종류로, 즉 수십억 종류로 나뉘어 있는 것이다.

대표 항체인 IgG는 네 가지 단백질로 구성되는데, 이것들이 모여서 Y자 형태를 하고 있다. 4개의 단백질 중에서 2개는 무거워서 H사슬(Heavy chain)이라고 하고, 나머지 2개는 가벼워서 L사슬(Light chain)이라고 한다. H사슬도 L사슬도 각각이 가변부(variable region)와 정상부(constant region)라는 두 영역으로 나뉜다. 정상부는 모든 IgG에서 같지만, 가변부는 각각의 IgG마다 다른 형태를 띤다. 인간의 몸속에는 많은 IgG가 있으므로 가변부의 종류도 매우 많아진다. 그래서 어떤 병원체가 몸에 들어와도 IgG 중 하나가 그 병원체에 대처할 수 있는 것이다(그림 16-6).

항체의 종류는 왜 이렇게 많을까

우리의 등뼈를 이루고 있는 뼈나 심장과 허파를 보호하는 갈비뼈 속에는 공동(空洞)이 있다. 그리고 그 안에는 젤리처럼 부드러운 골수 조직이 있는데, 이 조직에서 적혈구나 백혈구를 만든다.

먼저 골수에서는 조혈모 세포(hematopoietic stem cell)를 만든다. 조혈모 세포는 혈액 속의 혈구를 만드는 세포로, 적혈구나 다양한 백혈구로 분화한다. 항체를 만드는 B 세포도 백혈구의 일종이므로 이 조혈모 세포로부터 분화한다. 그리고 조혈모 세포가 B 세포로 분화하는 과정에서 B 세포 속에서 유전자가 재구성되어 변화하는 것이다. 재구성이 일어나는 곳은 항체의 유전자이다.

항체의 유전자는 DNA 안에서 많은 영역으로 나뉜다. 예를 들면 인간의 IgG H사슬 유전자는 V라는 유전자군이 65개 정도 나열되어 있고, 그다음으로 D 유전자군이 27개 나열되어 있으며, 그다음으로 J 유전자군이 6개 늘어서 있다. B 세포가 성숙해져가는 과정에서 V와 D와 J 유전자군에서 각각 하나씩이 선택되어 조합된다. 그리고 선택되지 않은 영역은 잘려나간다. 이러한 유전자의 재구성이 각각의 B 세포에서 별도로 일어나므로 H사슬의 조합은 최대 $65 \times 27 \times 6 = 10{,}530$개에 달하게 된다. 그리고 이런 재구성은 L사슬에서도 일어난다.

항체의 다양화는 여기에서 끝나지 않는다. 항체는 공격하는 병원체의 전체와 결합하는 것이 아니라 병원체의 일부와 결합한다. 항체와 결합하는 이 부분을 항원(antigen)이라고 한다. 유전자 재구성이 끝난 B 세포, 다시 말해서 성숙한 B 세포가 항원을 만났을 때에 다시 한번 유전자에 변화가 일어난다. 이것까지 곱해지므로 항체의 종류를 수억이라고도 수십억이라고도 하는 것이다.

DNA에는 네 종류의 염기 A, T, G, C가 있고, 이 염기를 배열하는 방법(염기서열)이 정보가 된다는 것은 앞에서 설명했다. 이 염기서열 속의 염기가 하나만 바뀌는 것을 점 돌연변이(point mutation)라고 한다. 성숙한 B 세포가 항원을 만나면 AID라는 효소에 의해서 항체의 유전자에 점 돌연변이가 일어난다. 점 돌연변이로 인해서 약간의 수정이 생긴 항체 중에는 항원과의 결합력이 떨어진 것도 있지만 높아진 것도 있을 것이다. 결합력이 높아진 이 항체가 선택되어서 더욱 뛰어난 능력을 발휘하는 것이다.

꽃가루 알레르기는 왜 생길까

이처럼 면역은 인간이 살아가는 데에 매우 중요하기 때문에 제대로 기능하지 않으면 치명적이다. 그러나 반대로 너무 많이 일을 해도 문제가 된다. 면역이 기능하지 않는 것을 아네르기(anergy : 무반응)라고 하고 지나치게 기능하는 것을 알레르기(allergy)라고 한다.

알레르기 중에서 유명한 것으로 꽃가루 알레르기가 있다. 알레르기를 일으키는 항원을 알레르겐(allergen)이라고 하는데, 꽃가루 알레르기의 알레르겐은 바로 꽃가루이다. 일본에서는 삼나무 꽃가루로 인한 꽃가루 알레르기가 가장 많다고 한다.

백혈구의 일종인 비만 세포(마스트 세포라고도 한다)는 혈액에서는 볼 수 없다. 골수에서 만든 조혈모 세포가 미분화된 상태로 혈액에 의해서 각 조직으로 옮겨진 다음 비만 세포로 분화하는 것으로 보인다.

비만 세포는 피부나 점막 등 병원체가 침입하기 쉬운 곳에 분포한다. 세포의 표면에는 앞에서 말한 톨 유사 수용체가 있어서 병원체를 인식하면 그것을 공격하는 물질을 분비한다.

그런가 하면 비만 세포는 세포 표면에 IgE 수용체도 가지고 있다. 이것이 꽃가루 알레르기를 일으키는 원인이 된다. 꽃가루 알레르기가 생기는 원리는 두 단계로 나뉜다.

첫 번째 단계는 인간의 콧구멍에 꽃가루가 들어가면서 시작된다. 그러면 그것에 반응해서 B 세포가 IgE를 만든다. IgE는 비만 세포의 표면에 있는 수많은 IgE 수용체와 결합한다. 즉 첫 번째 단계는 콧속에 꽃가루가 들어감에 따라서 비만 세포의 표면에 IgE가 결합하는 것이다.

두 번째 단계가 발생하는 것은 꽃가루가 다시 콧구멍 안에 들어왔을 때이다. 콧구멍의 점막에는 비만 세포가 있으며, 그 표면에는 이미 수많은 IgE가 늘어서 있다. 그리고 콧구멍으로 들어온 꽃가루가 그 IgE와 차례로 결합한다. IgE를 사이에 두고 꽃가루와 비만 세포가 결합하면, 그것에 자극을 받은 비만 세포가 내부에 있던 히스타민을 일제히 방출한다. 이 히스타민이 꽃가루 알레르기의 4대 증상(재채기, 콧물, 코막힘, 눈의 가려움증)을 일으키는 것이다(그림 16-7).

꽃가루 알레르기가 발생하는 원리를 알면 그것을 피하는 방법이 보인다. 먼저 생각할 수 있는 방법은 알레르겐과 접촉하지 않는 것이다. 꽃가루가 날리는 계절에는 마스크를 쓰거나 안경을 쓴다. 귀가하면 바로 양치질을 하거나 코를 푼다.

또한 IgE가 비만 세포에 결합하지 않도록 IgE에 결합하는 항체(항IgE 항체) 주사를 맞는 방법도 있다. IgE가 앞에서 말한 IgE 항체와 먼저 결합하면 비만 세포와는 더 이상 결합할 수 없기 때문이다.

다음으로 비만 세포가 히스타민을 방출하지 않으면 되므로 비만 세포를 약하게 만드는 방법도 생각해볼 수 있다. 실제로 그런 약이 안약이나 비염약으로 판매되고 있다. 만약 비만 세포가 히스타민을 방출하면 항히스타민제를 쓸 수도 있다.

이 꽃가루 알레르기와 같은 알레르기로 고민하는 사람의 수는 최근 100년간 거의 100배가 되었다. 그 원인은 정확히 알려지지 않았지만, 몇 가지 가설이 있다.

① 꽃가루가
콧속으로 들어온다

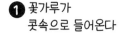

② 꽃가루에 반응해서
IgE가 만들어진다

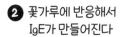

③ 비만 세포에 IgE가
결합한다

④ 꽃가루가 다시
콧속으로 들어온다

⑤ 꽃가루가 결합한
IgE를 매개로
강한 자극이 들어온다

⑥ 파열된 비만 세포에서
히스타민이 방출된다

⑦ 알레르기 증상이 발현된다

그림 16-7 꽃가루 알레르기가 일어나는 과정

하수도의 보급 등으로 위생 상태가 개선되면서 인간의 주변에서는 병원균이 줄어들었다. 이것은 아주 바람직한 일이다. 단지 걱정되는 것은 감염증이 감소하면서 점차 알레르기의 수가 증가하고 있다는 것이다. 생활 환경이 청결해지고 면역 기능에 변화가 생겨서 알레르기가 늘어난 것일지도 모른다. 따라서 불결한 환경에서의 생활이 알레르기를 예방한다는 가설도 있다.

또 조금 다른 가설로는 우리의 장 안의 기생충이 줄어든 것이 원인이라는 주장도 있다.

그럴 수도 있다. 그러나 만약 그런 생각이 옳다고 해도 어느 수준까지 불결을 용인할 것인지는 어려운 문제이다.

세상에는 아직 결론을 내리지 못한 문제들이 많다. 인간은 그럴 때에 초조해하며 어느 하나의 결론을 믿고 싶어한다. 어느 하나가 옳다며 100퍼센트 믿거나 이것은 틀렸다고 100퍼센트 부정하는 것이 심리적으로 안정되기 때문이다. 그러나 아직 결론을 내리지 못한 문제에 관해서는 잠시 조급한 마음을 내려놓는 것도 중요할 것이다.

제17장

암은 진화한다

세포가 많이 모여도 다세포 생물이 되지는 못한다

먼 옛날 지구에는 단세포 생물밖에 없었다. 그 무렵의 지구에는 암이라는 질병이 없었다. 그후, 십수억 년 전에 최초의 다세포 생물이 진화했을 때에 암이라는 질병이 나타났다. 암은 다세포 생물에게만 발병하는 병이다.

그렇다면 왜 다세포 생물만 암에 걸리는 것일까?

단세포 생물인 세균은 한 마리가 분열해서 두 마리가 된다. 기본적으로는 계속해서 그것을 반복한다. 물론 환경이 악화되면 세균도 죽을 수는 있지만, 특별히 그런 변화가 없다면 세균은 영원히 분열한다. 다시 말해서 영원한 생명을 가졌다고 해도 좋다.

생명이 탄생한 것이 40억 년 전이라면 현재 살아 있는 세균은 40억 년 동안 계속 세포분열을 해온 것이다. 단 한 번이라도 세포분열이 중단되면 그것으로 끝이다. 그후에는 자손을 남길 수 없다. 따라서 현재 살아 있는 세균은 모두 40억 살이다.

세포분열을 해서 한 마리가 두 마리가 된 시점에 세대가 바뀐다고 보는 관점도 있다. 즉 세포분열 전과 후는 별개의 개체라는 주장이다. 그렇게 생각하면 40억 살은 아니지만 그래도 40억 년간 죽지 않은 것은 사실이다. 단세포 생물은 영원한 생명을 가지고 있는 것이다.

반면 다세포 생물은 세포가 많이 모여 있는 생물이지만 그것만이 전부는 아니다. 단순히 같은 종류의 단세포 생물이 모여 있는 것은 군체(colony)라고 한다.

우리 인간은 다세포 생물이다. 그러나 누구나 처음에는 단세포 생물이었다. 인생의 시작은 수정란이라는 하나의 세포였다. 그것이 세포분열을 하고 성체가 되면 무려 40조 개의 세포가 되는 것이다.

세포분열을 하는 동안에 세포는 크게 두 종류로 나뉜다. 자손에게 계승될 가능성이 있는 세포와 그렇지 않은 세포이다. 자손에게 계승될 가능성이 있는 세포를 생식 세포라고 하고, 그럴 가능성이 없는 세포를 체세포라고 한다(그림 17-1).

가령 우리의 손은 체세포로 되어 있지만 우리가 죽으면 그것으로 끝이다. 우리의 손에서 자손이 생기지도 않으며, 손의 세포가 자손에게 전해지지도 않는다. 우리의 손은 지금 우리 세대에만 한정된 일회용인 것이다.

반면 생식 세포는 한 번 쓰인 후에도 버려지지 않고 자손에게 이어진다. 다만 생식 세포는 넉넉히 만들어지기 때문에 실제로 생명을 얻는 것은 일부에 불과하다. 그럼에도 모든 생식 세포는 후손에게 전해질 가능성이 있다. 모든 생식 세포는 영원한 생명

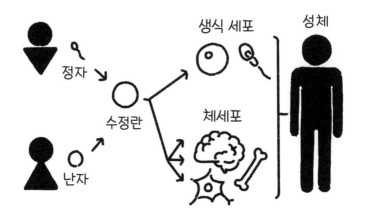

그림 17-1 생식 세포와 체세포(인간)

을 가질 수 있으며, 이것이 체세포와의 차이이다. 체세포는 반드시 죽는다. 다소 늦더라도 그 체세포를 가진 개체가 죽을 때에 모두 죽는다.

다시 말해서 단세포 생물은 자기 자신이 생식 세포인 것이다. 그 단세포 생물 중에서 일회용 체세포를 가진 개체가 나타나서 다세포 생물이 되었다.

단세포 생물(≒생식 세포) + 일회용 체세포 = 다세포 생물

달리 말하면 세포의 종류가 하나인 것이 단세포 생물이고, 두 가지 이상인 것이 다세포 생물이라고 할 수 있다. 적어도 생식 세

포와 체세포 두 종류가 있기 때문이다. 생식 세포는 후손에게 그대로 이어지기 때문에 세포분열 능력을 잃으면 안 된다. 따라서 제멋대로 변할 수 없다. 그러나 일회용 체세포는 어떤 식으로든 바뀔 수 있다. 심하게 변해서 분열 능력을 잃어도 상관없다. 쓸 만큼 쓴 뒤에 죽으면 폐기하면 된다. 그래서 다양한 역할에 특화된 체세포를 얼마든지 만들 수 있는 것이다. 이처럼 수정란과 같은 특화되지 않은 세포가 체세포로 특화해나가는 것을 "세포분화" 혹은 "분화"라고 한다.

정리하자면 많은 세포들이 모인 생물 중에서 세포가 한 종류인 것을 군체, 두 종류 이상인 것을 다세포 생물이라고 한다. 또는 체세포(분화된 세포)가 있는 것을 다세포 생물이라고 보아도 좋다.

암은 다세포 생물 속의 단세포 생물

우리 몸의 대부분은 우리에게 협조적인 체세포로 이루어져 있다. 보통 체세포는 분열 횟수가 정해져 있어서 일정 횟수 이상은 분열을 하지 않는다. 경우에 따라서는 스스로 죽는 체세포마저 있다. 우리 인간의 몸은 이렇게 협조적인 체세포로 만들어졌다.

그런데 일부 체세포의 유전자에 돌연변이가 일어나는 경우가 있다. 예를 들면 세포분열을 할 때에는 DNA를 복사해서 증식하는데, 이 복제 과정에서 실수가 생길 수 있다. 혹은 방사선에 노출

아메바

되어서 DNA가 변하기도 한다. 그 결과 세포의 성질이 변할 수 있다. 그리고 경우에 따라서는 분화한 세포가 미분화 세포로 돌아가기도 한다.

이런 경우에 분화된 체세포 속에 미분화 세포가 생기게 된다. 미분화 세포란 앞에서 말했듯이 단세포 생물과도 같다.

새로 태어난 단세포 생물(과 비슷한 것)은 체세포와 달리 주변 세포에게 협조하지 않는다. 몇 번을 분열해도 분열을 멈추지 않고, 계속 분열해서 자신의 자손을 남기려고 한다. 하지만 본래 생물이란 그런 것이므로 이를 비난할 필요는 없다. 유산균이든 아메바든 단세포 생물은 모두 그렇게 40억 년을 살아왔으니 말이다.

그렇지만 체세포 사이에 단세포 생물이 태어나는 것은 다세포 생물에게는 곤란한 일이다. 단세포 생물은 계속 늘어나며, 경우에 따라서는 적극적으로 체세포에 손상을 입힌다. 다시 말해서 다세포 생물의 몸을 파괴한다. 대부분의 암은 다세포 생물의 몸 속에 생긴 단세포 생물이다. 즉 분화된 체세포 사이에 생긴 미분화 세포인 것이다.

암이 큰 문제가 되는 이유는 그것이 진화하기 때문이다. 가령 암세포는 분열을 해서 빠르면 하루 만에 2배가 된다. 그러나 암세포 덩어리인 종양의 크기가 2배가 되는 데에는 (경우에 따라서 다르겠지만) 100일 정도 걸린다. 종양은 생각보다 커지는 속도가 느리다.

만약 암세포가 매일 2배로 늘어난다면 100일 만에 종양의 크기는 대략 100억×100억×100억 배 정도가 될 것이다. 그것이 2배 정도밖에 되지 않는 것은 세포분열로 늘어난 암세포의 대부분이 죽기 때문이다. 왜 그렇게 많은 암세포가 죽을까?

암세포도 생존하기가 힘든 것이다. 암세포도 살기 위해서는 산소와 식량이 필요하다. 그런데 암세포는 계속 증가하므로 금세 산소와 식량이 부족해져서 암세포끼리 서로 빼앗아간다. 이 쟁탈전에서 승리하지 않으면 살아남지 못한다.

게다가 면역 체계가 암세포를 공격하러 온다. 그리고 차례대로 암세포를 죽인다. 실제로 우리 인간의 몸에는 매일 수천 개의 암세포가 생긴다고 한다. 그것을 우리의 면역 체계가 닥치는 대로 퇴치해주기 때문에 암에 걸리지 않고 살아갈 수 있다.

게다가 만약 우리가 암에 걸려서 암에 대한 치료가 시작되면 항암제 등도 암세포를 공격하기 시작한다. 이렇게 차례차례 암세포는 죽음을 맞는다. 그래도 암세포가 좀처럼 멸종하지 않는 것은 암세포가 진화하기 때문이다.

암세포가 세포분열을 하는 동안 암세포의 유전자에 종종 돌연변이가 생긴다. 종종이라고는 해도 보통의 세포와 비교하면 무려 수백 배나 자주 발생한다. 돌연변이를 일으킨 암세포가 계속해서 세포분열을 하면 새로운 유형의 암세포도 늘어난다. 이렇게 암세포의 종류는 점점 늘어난다. 암세포의 다양성이 높아질수록 암을 근절하기가 어려워진다. 여러 종류의 암세포가 있게 되면 그것들 중의 하나는 내성을 가지고 있을 가능성이 높기 때문이다. 그러는 사이 면역 체계도 쉽게 퇴치할 수 없는 암세포가 나타난다.

나아가 암세포가 다른 장기로 전이되면 상황은 더욱 악화된다. 사실 다른 장기로 옮겨간 암세포는 새로운 환경에 적응하지 못하고 대부분 죽는다. 그러나 암세포의 일부는 어떻게든 살아남고, 다른 장기에서 살아남은 이 암세포가 새로운 환경에서 이전과는 다른 자연선택을 받는다. 그리고 이전과는 다른 암세포로 진화한다. 그렇게 점점 다양성을 강화해간다.

이 진화하는 암을 우리는 어떻게 하면 좋을까?

면역에 제동을 거는 암세포

우리의 면역을 담당하는 세포 중의 하나로 T 세포가 있다. T 세포 중에서도 킬러 T 세포(Killer T cell)는 암세포를 파괴하는 능력이 있는 것으로 알려져 있다. 따라서 이 킬러 T 세포가 암세포를 공격하면 될 것 같지만, 이야기는 그렇게 간단하지 않다.

킬러 T 세포의 표면에는 T 세포 수용체라는 단백질이 튀어나와 있다. 킬러 T 세포는 이 T 세포 수용체로 비자기 항원(non-self-antigen), 즉 암세포 등을 인식한다.

앞에서 B 세포가 단백질인 항체를 만든다고 설명했다. B 세포 속에서 항체의 유전자가 재구성되어서 수십억 종류에 이르는 항체의 다양성이 만들어진다. 사실 T 세포 수용체도 유전자 재구성을 통해서 항체와 같은 다양성을 지니고 있다. 그래서 암세포가 아무리 진화하더라도 이 T 세포 수용체의 추적은 벗어날 수가 없다. 암세포가 아무리 변화를 거듭해도 그 암세포를 인식하는 T 세포 수용체가 반드시 존재하기 때문이다.

그렇기 때문에 암세포는 킬러 T 세포로부터 도망치는 것이 아니라 다른 방법으로 킬러 T 세포의 공격을 막는다. 사실 킬러 T 세포의 표면에는 액셀이나 브레이크 역할을 하는 단백질이 있다. 액셀을 밟으면 킬러 T 세포의 공격이 강해지고, 브레이크를 밟으면 약해진다. 따라서 킬러 T 세포에게 잡힌 암세포는 킬러 T 세포의 브레이크를 밟아버린다.

이 브레이크에는 여러 종류가 있는데, 그중 PD-1은 1992년 당시 교토 대학교의 혼조 다스쿠 연구실의 대학원생이었던 이시다 야스마사라는 일본인이 발견한 것이다. 이 PD-1의 발견으로 암 치료에 새로운 길이 열렸다.

혼조 다스쿠

가령 킬러 T 세포가 암세포를 발견했다고 하자. 킬러 T 세포에게 발견되었다는 것은 킬러 T 세포의 표면에 돌출되어 있는 T 세포 수용체가 암세포의 일부와 결합한 상태라는 뜻이다.

이대로라면 암세포는 킬러 T 세포의 공격을 받게 된다. 따라서 암세포는 킬러 T 세포 표면에 돌출되어 있는 PD-1이라는 단백질에 PD-L1이라는 단백질을 결합시킨다. PD-L1은 암세포 표면에 돌출된 단백질로, 브레이크를 밟는 발에 해당한다. PD-1에 PD-L1을 결합시키면 킬러 T 세포의 기능이 약해져 암세포를 공격하지 않게 된다.

즉 킬러 T 세포가 T 세포 수용체를 암세포와 결합시키면 이번에는 반대로 암세포가 PD-L1을 킬러 T 세포의 PD-1과 결합시켜서 킬러 T 세포에 제동을 거는 것이다.

암세포를 끝까지 뒤쫓는다

그렇다면, 어떻게 암세포가 브레이크를 밟지 못하게 할까? 그러기 위해서는 브레이크에 덮개를 씌워서 밟지 못하게 하면 된다.

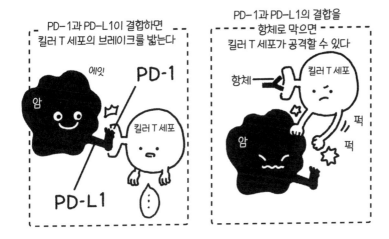

그림 17-2 킬러 T 세포의 공격

구체적으로는 PD-1에 대한 항체를 만들어 PD-1과 결합시키면 된다.

킬러 T 세포가 암세포를 발견했다고 하자. 다시 말해서 킬러 T 세포의 T 세포 수용체가 암세포의 일부와 결합한 것이다. 그러면 암세포는 킬러 T 세포의 PD-1에 암세포의 PD-L1을 결합시키려고 한다. 그러나 PD-1에 이미 항체가 결합되어 있으면 암세포는 PD-L1을 PD-1과 결합시키지 못한다. 따라서 킬러 T 세포가 암세포를 공격할 수 있는 것이다(그림 17-2).

이 치료법은 암세포가 아무리 진화해도 놓치지 않는다는 점에서 우수하다. 킬러 T 세포의 T 세포 수용체의 높은 다양성은 어떤 암세포든 찾아낼 수 있기 때문이다.

지금까지 암 치료법은 주로 항암제 투여와 외과 수술, 그리고 방사선 치료, 이 세 가지였다. 이것들 외에도 다양한 치료법이 시도되었지만 큰 성과를 거두지는 못했다. 그런데 암세포가 킬러 T 세포의 브레이크를 밟지 못하게 하는 이 면역 요법은 기존의 세 가지 방법 이상으로 효과적인 치료법이 될 수 있다.

덧붙이자면 면역의 브레이크 역할을 하는 단백질로는 PD-1 외에도 CTLA-4가 있다. 2018년도 노벨 생리의학상은 암 치료를 위한 면역 요법에 공헌한 PD-1의 혼조 다스쿠와 CTLA-4의 제임스 앨리슨에게 돌아갔다.

CTLA-4 발견!

앨리슨 선생님의 노벨상 수상도 축하드립니다!

제18장

술을 단번에 마시면
안 되는 이유는?

알코올 량의 계산

한 교수로부터 들은 이야기에 따르면, 과거 술을 살 돈이 없던 가난한 대학생들은 화학 실험실에 몰래 숨어들어서 실험용 알코올을 마셨다고 한다(물론 이런 행동을 해서는 안 된다). 그런데 뭉뚱그려서 알코올이라고 부르지만 그 종류는 매우 다양하다. 기호품으로 사람들이 마시는 알코올은 그중에서도 에탄올이다.

실험실에서 알코올을 마신 학생 중에는 메탄올을 에탄올로 잘못 알고 마신 탓에 실명할 뻔한 사람도 있었다고 한다. 독성이 강한 메탄올은 체내에서 분해가 잘 되지 않기 때문이다.

옛날과 달리 지금은 실험용 알코올을 마시는 사람은 거의 없을 것이다. 그래도 만약을 위해서 우리가 마시는 알코올은 에탄올임을 알아두도록 하자.

시중에 판매되는 맥주나 청주 등의 주류에는 알코올이 얼마나 들었는지를 나타내는 "도수"가 표시되어 있다. 알코올이 함유된 비율을 나타낼 때에는 부피로 비교하는 방법과 무게로 비교하는 방법이 있는데, 알코올 도수는 부피로 비교한 값이다. 구체적으로 보면 전체의 부피를 100으로 했을 때, 알코올이 얼마나 들었는지

나타낸 값이다. 이른바 "부피 퍼센트(volume percentage)"이다.

한편 알코올을 마셔서 얼마나 취했는지를 측정하는 기준인 혈중 알코올 농도(혈액 속의 알코올 농도)는 알코올을 무게로 나타낸다. 따라서 혈중 알코올 농도를 계산하려면 알코올을 부피가 아닌 무게로 나타내야 한다. 그렇다면 시험 삼아서 혈중 알코올 농도를 계산해보자.

도수가 5도(＝5퍼센트)인 500밀리리터의 맥주 한 캔을 마셨다고 하자. 에탄올은 물보다 가벼워서 1밀리리터의 중량이 약 0.79그램(물은 약 1그램)이다. 따라서 맥주 한 캔에 들어 있는 알코올은 $500 \times 0.05 \times 0.79 =$ 약 20그램이 된다.

다음으로 몸속의 수분량을 계산하자. 구하려는 것은 혈중 알코올 농도이지만 알코올은 혈액뿐만 아니라 몸속의 수분에도 녹는다. 따라서 마신 알코올을 몸 전체의 수분으로 나누면 그것이 혈중 알코올 농도와 거의 같아진다.

성인의 몸 수분량은 대체로 몸무게의 3분의 2이다. 만약 여러분의 몸무게가 60킬로그램이라면 몸 전체의 수분량은 대략 40킬로그램이다. 따라서 이 경우의 혈중 알코올 농도는 20그램 ÷ (40 × 1,000)그램 = 0.0005 = 0.05퍼센트가 된다.

이 계산에서 알 수 있듯이 체내 수분량이 많을수록 혈중 알코올 농도는 낮아진다. 따라서 체격이 큰 사람일수록 체내 수분량이 많아서 술에 덜 취하게 된다.

이 혈중 알코올 농도가 0.4퍼센트에 이르면 급성 알코올 중독에 빠질 위험이 있다. 500밀리리터의 맥주를 8캔을 마시면 (단순 계산으로는) 그 농도에 이르게 된다. 이상의 계산은 체내에서의 알코올 흡수나 분해 속도를 고려하지 않았다. 그러니까 정확하지는 않지만, 기준으로는 사용할 수 있을 것이다.

알코올은 몸 전체로 퍼진다

우리가 술을 마시면 알코올은 먼저 위로 들어간다. 위에서는 물을 흡수하지 않지만 알코올은 흡수한다. 마신 알코올의 약 30퍼센트는 위에서, 나머지 70퍼센트는 소장에서 흡수한다. 흡수된 알코올은 위나 소장의 모세혈관으로 들어간다. 입이나 대장에서도 흡수하지만 그것은 얼마 되지 않는다.

알코올은 체내에 빠르게 흡수된다. 고기나 채소 등의 음식은 너무 커서 그대로 흡수할 수가 없기 때문에, 여러 효소들을 동원해서 소화한다. 다시 말해서 작게 만든다. 그리고 이것에는 상당한 시간이 걸린다. 그러나 알코올은 그대로 흡수할 수 있기 때문에 매우 빠르게 흡수된다.

특히 소장에서의 흡수가 빨라서 알코올이 소장에 들어가면 바로 흡수된다. 그래서 알코올이 그대로 소장에 들어가면 소장에서 바로 흡수되어 순식간에 혈중 알코올 농도가 높아진다. 이것을 예방하는 것이 위의 역할이다.

음식을 먹으면서 술을 마시면 알코올은 음식과 함께 잠시 위 속에 머물게 된다. 그런 다음 음식과 함께 천천히 소장으로 운반된다. 이때에는 혈중 알코올 농도가 천천히 올라가고 최고치도 아주 높지는 않게 된다.

그러나 공복일 때에는 마신 알코올이 위에 거의 머무르지 않고 지나쳐서 바로 소장까지 도달하기 때문에 혈중 알코올 농도가 급격히 상승하게 된다. 회식 자리에 늦게 도착해서 아직 음식을 먹기 전인 사람에게 벌주 운운하며 한꺼번에 많은 술을 마시게 하는 것은 매우 위험한 행동이다.

한편, 음식과 함께 조금씩 마시면 혈중 알코올 농도가 크게 오르지 않지만 대신에 혈중 알코올 농도가 잘 내려가지 않는다. 반면 공복에 빠르게 마시면 혈중 알코올 농도도 순식간에 높아지지만 내려가는 속도도 빠르다.

여기에서 이렇게 생각하는 사람이 있을 수 있다. 공복에 빠르게 술을 마시면 혈중 알코올 농도가 급격히 올라가는 것이 분명하다. 이것이 좋지 않다는 것은 알지만, 그만큼 혈중 알코올 농도가 빨리 떨어지므로 일장일단이 아닐까? 그렇게 생각하면 원샷을 해도 별로 나쁘지 않을 것 같은데라고 말이다.

아니, 그렇지 않다. 가령 여러분이 건물 3층에 있다고 하자. 그리고 이 건물에는 승강기나 에스컬레이터가 없다고 하자. 이때 만약 1층까지 내려가고자 한다면 여러분은 분명 계단을 이용할 것이다. 그런데 생각해보면 왜 그런 귀찮은 일을 하는 것일까? 계단을 이용하면 멀리 돌아가야 하고 시간도 걸린다. 그보다 더 좋은 방법이 있다. 뛰어내리면 된다. 뛰어내리면 돌아갈 필요도 없고 시간도 절약할 수 있다. 어차피 계단을 이용하든 뛰어내리든 필요한 위치 에너지는 같다. 게다가 뛰어내리면 아플지는 몰라도 아픔은 한순간에 끝난다. 그러니까 이것도 일장일단이다.

그러나 여러분은 분명 계단을 이용할 것이다. 계단을 내려갈 때에 몸에 가해지는 작은 충격 정도라면 우리의 몸은 크게 다치지 않는다. 그러나 뛰어내릴 때에 몸에 가해지는 큰 충격은 우리의 몸을 손상시킨다. 어쩌면 죽을 수도 있다. 그래서 멀리 돌아가서 시간이 길리더라도 계단을 이용하는 것이다.

음식을 먹으면서 천천히 알코올을 마시는 것은 계단을 내려가는 것과 같다. 그리고 공복일 때에 단숨에 마시는 것은 뛰어내리는 것과 같다. 원샷을 하다가 죽은 사람도 많다고 하니 뛰어내리는 것에 비유한다고 해서 심한 과장은 아닐 것이다.

위나 소장에서 흡수되어 혈액 속에 들어간 알코올은 이제 온몸으로 퍼진다. 알코올은 세포막을 통과할 수 있기 때문에 세포 속에도 들어갈 수 있다. 몸속에는 혈액 외에도 많은 수분이 있다. 세포 안에도 밖에도 수분이 많이 있다. 그 모든 수분에 알코올은 퍼져간다.

특히 알코올은 뇌에도 들어간다는 사실에 주목해야 한다. 뇌는 중요한 기관이므로 독성을 지닌 물질이 들어가지 못하는 구조를 갖추고 있다. 바로 별아교 세포(astrocyte)로 형성되어 있는 혈액 뇌 관문(blood brain barrier)이다. 그런데 알코올은 별아교 세포의 세포막도 통과할 수 있다. 즉 혈액 뇌 관문을 통과해서 뇌 안으로 들어갈 수 있다. 그래서 알코올은 뇌에 있는 신경 세포에 작용해서 취기 현상을 일으킨다. 취기란 알코올에 의해서 뇌의 신경 세포가 억제된 상태를 가리킨다.

알코올은 뇌를 마비시킨다

알코올은 몸 전체로 퍼지지만 분해는 간에서 이루어진다. 간에 들어온 에탄올은 알코올 탈수소 효소에 의해서 아세트알데히드가 된다(탈수소 효소는 수소를 제거하는 효소이다). 아세트알데히드는 자극취가 나는 무색 액체로 독성이 있으며, 알코올을 마셨을 때 얼굴이 붉어지거나 불쾌감을 주는 원인으로 알려져 있다.

나아가 아세트알데히드는 아세트알데히드 탈수소 효소에 의해서 아세트산으로 변한다(그림 18-1). 그리고 아세트산은 물과 이산화탄소로 분해된다(아세트산의 분해는 간 이외에 세포에서도 진행된다). 그리고 물은 신장을 통해서 소변으로, 이산화탄소는 허파를 통해서 배출된다.

그림 18-1 알코올의 분해와 흡수

다민 간의 능력에는 한계가 있다. 간에서 분해할 수 있는 에탄올은 대체로 1시간에 10그램 정도로 알려져 있다. 500밀리리터 캔맥주에 들어 있는 에탄올은 약 20그램이므로 그 절반이다. 다만 이것은 사람에 따라서 다르고 같은 사람이라도 그날의 몸 상태에 따라서 다르다. 어쨌든 그 한계를 넘어 간에 들어온 에탄올은 간을 빠져나가서 다시 몸속으로 돌아간다. 그러면 취기가 오래 지속된다.

한편, 에탄올이 분해되는 과정에서 에너지가 생산된다. 그래서 에탄올을 마시면 몸이 따뜻해진다. 그러나 이 에너지로 무엇인가 영양소가 합성되지는 않으므로 에탄올은 영양이 되지 못한다.

에탄올에는 뇌의 신경 세포를 억제하는 기능이 있다. 게다가 뇌의 각 부위는 순서에 맞추어 억제된다. 대뇌에는 새겉질, 옛겉질, 원시겉질이라고 불리는 부분이 있다. 매우 단순화해서 말하자면 새겉질은 이성적인 사고를 하는 곳이고 옛겉질과 원시겉질은 감정과 욕망을 관장하는 곳이라고 할 수 있다.

가볍게 취했을 때에는 새겉질만 억제된다. 그래서 새겉질의 이성에 의해서 억눌렸던 옛겉질과 원시겉질의 감정과 욕망이 해방되어 소란을 피우는 것일 수 있다. 그러나 알코올을 더 마시면 뇌의 다른 부분들도 마비된다. 그래서 똑바로 걷지 못하고 갈지자 걸음을 걷거나 혀가 꼬이기도 한다. 여기에서 알코올을 더 마시면 뇌 전체의 활동이 억제된다. 그렇게 되면 호흡이 멈춰서 목숨을 잃을 수도 있다.

알코올이 신경 세포의 기능을 억제하는 것은 확실하지만, 새겉질부터 차례로 억제되는지는 사실 확실하지 않다. 다만 알코올을 마신 사람을 보면 처음에는 소리를 크게 지르며 소란을 피우다가 점차 운동 기능이 이상해지는 경우가 많다. 그리고 결국 죽음에 이르는 사람도 있다. 알코올 때문에 새겉질부터 차례대로 기능이 억제된다고 생각하면 이런 사실을 잘 설명할 수 있다.

여기에 더해서, 급성 알코올 중독을 조심해야 한다. 내가 젊었던 시절에는 대학교에 갓 들어온 신입생이나 직장에 갓 입사한 신입사원에게 억지로 술을 권하는 경우가 흔히 있었다. 지금은 많이 없어진 것 같지만 그렇다고 완전히 사라지지는 않았다.

급성 알코올 중독이란 혈중 알코올 농도가 상승해서 의식을 잃는 것이다. 앞에서 말한 것처럼 혈중 알코올 농도가 0.4퍼센트 정도가 되면 많이 발생한다.

뇌는 대뇌와 간뇌, 소뇌와 뇌간, 4개로 구분된다. 뇌간은 뇌의 맨 아래에 있고, 이곳에 호흡을 조절하는 호흡중추가 있다. 혈중 알코올 농도가 0.4퍼센트에서 더 올라가 0.5퍼센트가 되면 이 뇌간의 호흡중추가 마비되어서 죽음에 이를 수 있다. 혈중 알코올 농도를 0.4퍼센트에서 0.5퍼센트로 올리려면 (단순 계산으로는) 고작 맥주 2캔이면 충분하다. 즉 급성 알코올 중독에 빠져서 의식을 잃게 되면 이제 그곳이 죽음의 문턱인 것이다.

왜 어린이는 술을 마시면 안 될까

어른은 술을 마셔도 되지만 아이들은 술을 마시면 안 된다고들 말한다. 그 이유는 무엇일까? 이유는 여러 가지가 있지만, 근본적인 이유는 하나이다. 어른은 성장하지 않지만 아이는 성장하기 때문이다.

물론 성장을 마친 장기도 알코올을 마시면 손상될 수 있다. 어른도 술을 너무 많이 마시면 간이 상한다. 그러나 성장을 마친 사람보다 성장하고 있는 쪽이 술의 영향을 더 쉽게 받는다. 특히 뇌는 그 영향을 많이 받는다. 뇌가 신경 세포의 네트워크를 왕성하게 형성하는 시기는 유아기와 사춘기이다. 이 시기에 알코올을 마시면 네트워크가 정상적으로 형성되지 않을 가능성도 있다.

이렇게 보면 임산부가 술을 마시면 안 되는 이유도 알 수 있다. 임산부가 술을 마시면 그 알코올 성분이 임산부의 몸속 수분을 타고 퍼져나간다. 당연히 태아의 몸속 수분으로도 퍼진다. 그러면 태아의 혈중 알코올 농도는 아마도 임산부의 혈중 알코올 농도와 같은 수준으로까지 올라갈 것이다. 물론 고등학생도 술을 마셔서는 안 된다. 초등학생은 더 안 된다. 그러나 태아는 더 더 안 된다.

이처럼 술에는 여러 가지 부정적인 측면이 있다. 그래도 술을 마시는 사람이 많을 것이다. 그때는 무엇을 조심하면 좋을까?

두 번째로 중요한 것은 적당하게 마시는 것이다. 음식과 함께 마시고, 혀가 꼬이기 시작하거나 걸음걸이가 똑바르지 않으면 바로 그만 마셔야 한다.

그리고 가장 중요한 것은 다른 사람에게 억지로 술을 권하지 않는 것이다.

인류는 수천 년 전부터 (어쩌면 더 옛날부터) 술을 마셔왔다. 그러나 알코올이 몸에 가져오는 작용을 알게 된 것은 최근의 일이다. 다행히 우리 모두는 현대를 살고 있으니 술을 꼭 적당하게 마실 수 있도록 하자.

제19장

불로불사와 iPS 세포

젊음에 대한 동경

후지코. F. 후지오의 작품들 중에 이런 만화가 있다. 어딘가에 열심히 공부하는 중학생이 있었다. 그는 친구들과 노는 것도 스포츠를 즐기는 것도 참고 오직 공부에만 열중했다. 목표는 일류 고등학교와 대학교를 나와서 성공한 인생을 사는 것이었다.

그의 집 근처에는 커다란 저택이 있었다. 그곳은 한 학자의 집이었다. 학자는 연구가 성공을 거두어 큰 부자가 되어 있었다. 중학생은 학자의 집을 보고 나중에 저런 집에서 사는 것이 목표라고 친구에게 이야기했다.

이후 많은 일들이 있었고, 어느 날 밤 학자는 중학생에게 몸을 바꾸지 않겠느냐고 제안했다. 지위와 명예, 재산까지 갖춘 학자는 중학생이 보기에 인생에 성공한 사람이었다. 중학생이 앞으로 가고자 하는 길을 실제로 걸어온, 중학생의 꿈을 실현한 사람이었다. 그렇기 때문에 중학생은 학자와 몸을 바꾸었다(실제 만화에서는 기억을 교환한다는 설정이었다).

그리고 중학생은 지위와 명예, 재산을 모두 가진 성공한 사람이 되었다. 그러나 학자의 여명은 앞으로 6개월, 몸이 많이 병들어 있었다. 그로부터 또 많은 일들이 일어났고(만화에서는 이때의 중학생과 학자의 심정이 중요하지만 여기에서는 생략하고), 마지막에 이르러 중학생은 학자에서 다시 중학생으로 돌아가게 된다는 이야기였다.

물론 나이가 든다는 것은 슬픈 일도 나쁜 일도 아니다. 아니, 슬프거나 나쁜 일이 있을지도 모르지만 그것이 전부는 아니다. 나이를 먹는 것에 대한 생각은 사람마다 다르다.

그러나 젊음에 대한 동경은 폭넓게 존재한다. 그리고 현재는, 그 동경이 단지 꿈같은 이야기에 머무르는 것이 아니라 부분적으로는 실현될지도 모른다. 인공 줄기 세포가 만들어졌기 때문이다. 인공 줄기 세포로 ES 세포(배아 줄기 세포)나 iPS 세포(유도 만능 줄기 세포)가 유명한데, 과연 줄기 세포란 무엇일까?

줄기 세포란 무엇일까

우리 인간의 피부는 바깥쪽의 표피와 중간의 진피, 안쪽의 피하조직, 총 3개의 층으로 되어 있다. 바깥쪽의 표피는 다시 4개의 층으로 구분된다. 4개의 층 중에서 가장 바깥쪽은 각질층이고, 가장 안쪽은 기저층이다.

가장 안쪽의 기저층에서는 기저 세포가 세포분열을 반복하고, 늘어난 세포는 바깥쪽으로 밀려난다. 밀려난 세포, 즉 각질 세포

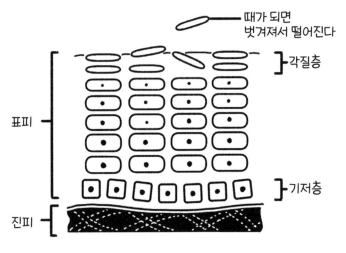

그림 19-1 피부의 구조

는 세포 내에서 케라틴(keratin)이라는 단단한 단백질을 합성하기 시작한다. 그리고 중간의 2개 층을 지나면서 세포 내부에 케라틴을 축적한다. 각질 세포는 가장 바깥쪽에 도달할 즈음에는 사멸하기 때문에 각질층에는 거의 케라틴만이 남게 된다. 그리고 이 각질층은 표층에서부터 차례대로 벗겨져서 떨어져 나간다. 이것이 바로 때이다(그림 19-1).

이렇게 가장 안쪽에 위치한 기저층에서 세포들이 분열하고, 그세포들이 밀려 나와서 때가 된 후에 피부 바깥으로 떨어져 나간다는 사실을 함께 확인했다. 그러나 잘 생각해보면 무엇인가가이상하다.

가령 단세포 생물을 생각해보자. 단세포 생물(모세포)이 세포분열을 하면 두 마리의 단세포 생물(딸세포)이 생긴다. 당연하게도 딸세포는 모세포와 동일한 세포이다. 분열 직후에는 조금 작을 수 있지만 얼마 지나지 않아서 모세포와 크기가 같아진다.

그런데 표피의 기저 세포가 이런 세포분열을 한다면 어떻게 될까? 기저 세포가 분열하면 2개의 기저 세포가 생긴다. 다시 분열하면 4개의 기저 세포가 생긴다. 그리고 또 분열하면……아니, 이대로는 아무리 시간이 지나도 각질 세포가 생기지 않는다. 기저 세포만 늘어날 뿐이다.

단세포 생물의 세포분열은 자신과 같은 세포를 2개 만들지만 기저 세포의 세포분열은 이와는 다르다.

인간의 심근 세포 등이 생길 때에는 세포분열에 의해서 자신과 다른 세포를 만든다. 가령 A라는 세포가 분열하면 A와는 다른 B라는 세포를 2개 만든다. B라는 세포가 분열하면 B와는 다른 C라는 세포를 2개씩(총 4개) 만든다. 우리 몸에서 일어나는 세포분열로는 흔한 유형이다.

이런 세포분열을 표피의 기저 세포가 하면 어떻게 될까? 기저 세포가 분열하면 2개의 각질 세포가 생긴다. 그것들이 분열하면……아니, 이래서는 기저 세포가 사라지고 만다. 일단 지금은 각질 세포를 만들 수 있지만, 기저 세포가 모두 각질 세포로 바뀌면 더는 각질 세포를 만들 수 없다.

심근 세포를 만들 때에 일어나는 세포분열에서는 자신과는 다른 2개의 세포를 만든다. 그러나 기저 세포의 세포분열은 이것과도 다른 유형이다.

기저 세포는 각질 세포를 만들어야 하지만 스스로를 없애서도 안 된다. 그러기 위해서는 세포분열로 2개의 세포를 만들 때에 1개는 자신과 다른 각질 세포를, 다른 1개는 자신과 같은 기저 세포를 만들면 된다. 이렇게 하면 각질 세포를 계속 만들 수 있다. 각질 세포를 아무리 만들어도 각질 세포를 만들 능력이 있는 기저 세포가 사라지지 않기 때문이다.

이 기저 세포와 같은 세포를 줄기 세포라고 한다. 다시 말해서 자신과 같은 세포를 만듦과 동시에 자신과 다른 세포도 만들 수 있는 세포이다. 자기 복제도 분화도 할 수 있는 세포라고도 할 수 있다.

ES 세포의 과제

표피의 기저 세포는 줄기 세포이지만 표피라는 정해진 조직의 세포밖에 될 수 없다. 그래서 조직 줄기 세포라고 불린다. 그러나 그 중에는 몸속의 어떤 세포든 될 수 있는 줄기 세포도 있다.

사람의 일생은 수정란에서 시작된다. 이 단 하나의 세포가 세포분열을 반복하면서 무려 40조 개의 세포로 이루어진 한 명의 사람이 된다.

수정란은 세포분열에 의해서 먼저 2개의 세포로 나뉘고, 다시 4개의 세포로 나뉜다.

이렇게 늘어난 세포는 32개까지는 균일하여 세포 사이에 큰 차이가 없다. 수정된 지 약 5일이 지나서 세포가 100개 가까이 되면 배반포(blastocyst)라고 불리는 단계가 된다. 이 단계가 되면 세포는 2개의 무리로 나뉜다.

첫 번째 무리는 배반포의 바깥쪽을 감싸듯이 늘어선 영양외배엽(trophectoderm)으로, 이 부분이 태반이 된다. 태반은 태아와 임산부를 이어주는 기관으로, 태아에게 산소와 영양을 주거나 태아가 배출한 이산화탄소와 배출물을 회수하는 곳이다.

한편 배반포 내부의 빈 공간에는 액체가 들어 있다. 이 내부에 있는 세포가 또다른 무리인 속세포덩이(inner cell mass)로, 이것이 태아가 된다. 즉 속세포덩이는 우리의 몸을 만드는 신경과 표피, 근육 등 모든 세포로 분화하는 능력을 가지고 있다. 따라서 속세포덩이는 미분화 세포이다.

그러나 속세포덩이는 줄기 세포가 아니다. 발생이 진행되는 동안 다른 세포로 분화해서 속세포덩이 자체는 없어지기 때문이다. 그런데 이 속세포덩이를 밖으로 빼내서 일정 조건하에 배양하면, 자기 복제도 하고 몸속의 모든 세포로 분화할 수도 있는 세포가 된다. 다시 말해서 줄기 세포가 된다. 배반포의 속세포덩이를 배

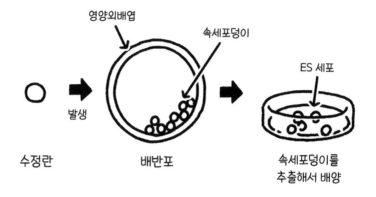

영양외배엽

속세포덩이

ES 세포

발생

수정란

배반포

속세포덩이를
추출해서 배양

그림 19-2 줄기 세포의 제작

양한 이 세포를 배아 줄기 세포(embryonic stem cells, 이하 ES 세포)라고 한다(그림 19-2).

많은 사람들이 ES 세포가 의료 분야에서 응용될 것이라고 기대한다. ES 세포는 어떤 세포로든 분화할 수 있어서 기능을 상실한 조직을 재생하는 데에 쓰일 수 있기 때문이다. 가령 당뇨병 환자를 위해서 인슐린을 만드는 세포로 분화시키거나, 심근경색 환자를 위해서 심근 세포로 분화시킬 수 있다. 이처럼 ES 세포는 큰 기대를 모으고 있지만, 한편으로는 문제도 있다.

ES 세포를 만들려면 이미 발생을 시작한 배아를 깨야 한다. 여기에서 윤리적인 문제가 생긴다. 정자와 난자가 수정된 순간부터 인간으로서의 삶이 시작된다고 본다면, 수정 후 5일 정도가 지난 배아를 파손시키는 것은 살인일 수 있다는 의견도 있다.

또한 면역에 따른 거부 반응 문제도 있다. 환자의 입장에서는 타인인 배반포에서 ES 세포를 만든다. 따라서 그 ES 세포로 만든 장기도 환자에게는 다른 사람의 것이기 때문에 면역에 따른 거부 반응의 표적이 된다.

복제 양의 탄생

1996년, 영국의 이언 윌머트가 복제 양을 탄생시켰다. 복제란 완전히 동일한 DNA를 가졌음을 일컫는 말이다. 동일한 DNA를 가진 생물은 복제이고, 완전히 똑같은 DNA를 가진 세포도 복제이며 똑같은 DNA끼리도 복제라고 한다. 윌머트 이전에도 양서류 등에서 복제 생물이 있었지만 인간이 속한 포유류에서 복제가 만들어진 것은 처음이었다. 게다가 복제 양이 탄생하면서 ES 세포의 문제점을 해결할 실마리를 얻게 되었다(참고로 인간의 ES 세포는 2년 후인 1998년에 만드는 데에 성공했으며, 실험용 쥐의 ES 세포는 1981년에 만들어졌다).

윌머트는 양의 유선 세포(mammary alveolar cell)와 미수정란으로 복제 양을 만들었다. 체세포인 유선 세포는 이미 분화한 세포이다. 복제 양을 탄생시킨 순서를 아주 간단하게 살펴보자. 우선 암양의 미수정란에서 핵을 제거하고, 그 미수정란에 다른 암양의 유선 세포 핵을 이식했다. 그러고는 이 핵을 이식한 미수정란(복

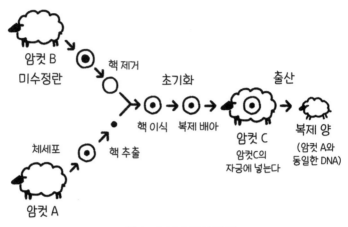

그림 19-3 복제 양의 탄생

제 배아)을 또다른 암양의 자궁에 넣어서 복제 양(돌리라고 이름 붙은)을 탄생시킨 것이다(그림 19-3).

이 복제 양을 탄생시키기 위해서 사용한 세포는 체세포와 미수정란이다. 앞에서 표피에서 떨어져 나간 각질 세포에 대해서 설명했는데, 그 각질 세포도 체세포이다. 각질 세포가 죽어서 때가되는 것을 윤리적으로 문제 삼을 사람은 없을 것이다. 체세포를 파손한다고 특별히 문제될 것은 없다.

한편, 다른 미수정란에 대해서도 특별히 윤리적인 문제는 생기지 않는다. 인간 여성의 난자는 난소에서 성숙되면 배란이 된다. 즉 난소에서 나와서 난관을 통해서 자궁으로 이동한다(덧붙이면 수정은 난관에서 일어난다. 수정 후 5일 정도가 지나면 난관을 지나서 자궁으로 들어가는데, 이 무렵의 배아가 배반포 단계이다). 배란된 난자는 정자와 수정하면 수정란이 되어서 인간으로서의 삶을 시작한다. 반면 수정되지 않고 24시간 정도가 지나면 죽는다. 그리고 월경의 형태로 몸 바깥으로 버려진다.

이언 윌머트

　이처럼 복제 양을 탄생시키는 데에는 수정란을 사용하지 않는다. 따라서 인간에게 적용해도 윤리적인 문제가 없을 것 같지만 유감스럽게도 그렇지 않다. 수정란을 사용하지 않는다는 점에서는 괜찮을지 모르지만, 복제 인간을 만든다는 것이 더욱 큰 윤리 문제를 야기한다. 그러니 이 방법은 인간에게는 적용할 수 없다. 다만 이를 통해서 아주 유익한 정보를 얻을 수는 있었다. 포유류도 체세포를 초기화, 즉 분화한 세포를 맨 처음의 미분화 상태(수정란과 같은 상태)로 되돌릴 수 있다는 정보이다.

　초기 미분화된 상태의 세포는 어떤 세포로든 분화하는 능력이 있다. 예를 들면 수정란은 점점 분화를 거쳐서 여러 종류의 세포가 된다. 한편 특정 성격을 지닌 세포가 되어가는 과정에서 다른 세포가 될 수 있는 능력은 사라진다. 세포가 분화되어가는 원리 중의 하나는 DNA의 메틸화이다. 이는 DNA의 일부에 메틸기(-CH_3로 표시한다)가 결합해서 일정 유전자가 작동되지 않게 하는 것이다.

모든 세포로 분화할 수 있는 ES 세포는 아직 분화되지 않은 미분화 세포였다. 반면 돌리의 체세포는 이미 분화한 세포이다. 그런데 복제 양이 태어났다는 것은 분화된 체세포의 핵이 미분화 상태로 돌아왔다는 것이다. 즉 초기화된 것이다.

체세포를 초기화한 iPS 세포

지금까지 몸속의 모든 세포로 분화할 수 있는 세포를 몇 차례 소개했다. 이런 세포는 크게 두 가지로 나뉜다. 만능 세포(pluripotent cell)와 다능성 세포(multipotential cell)이다.

만능 세포는 태반(임산부와 태아를 잇는 기관)과 태아를 모두 만들 수 있는 세포이다. 그렇기 때문에 이 세포를 자궁에 넣으면 아이가 태어난다. 예로는 수정란과 복제 배아가 있다.

반면 다능성 세포는 (적어도 완전한) 태반을 만들 수 없으므로 자궁에 넣어도 아이가 생기지 않는다. 그러나 모든 종류의 세포는 될 수 있다. 예로는 ES 세포나 앞으로 소개할 유도 만능 줄기 세포(induced pluripotent stem cells, 이하 iPS 세포)가 있다.

iPS 세포는 2006년에 야마나카 신야와 다카하시 가즈토시가

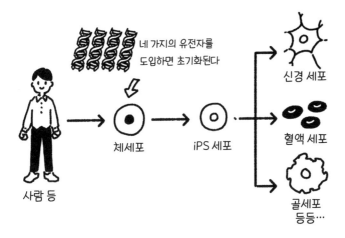

네 가지의 유전자를
도입하면 초기화된다

신경 세포

체세포

iPS 세포

혈액 세포

사람 등

골세포
등등…

그림 19-4 iPS 세포의 제작

만든 줄기 세포이다. 체세포에 고작 네 가지 유전자를 도입함으로써 세포를 초기화하는 데에 성공한 것이다(그림 19-4). 네 가지 유전자 중에는 ES 세포의 다능성 유지에 중요한 유전자도 포함된다. iPS 세포는 과거 ES 세포나 복제 등의 연구에서 만들어진 줄기 세포이다. 그리고 이 네 가지 유전자의 조합을 바꿈으로써 한층 더 개량된 iPS 세포가 만들어지고 있다.

iPS 세포는 지금까지의 줄기 세포에는 없던 편리함이 있다. 우선 만들 때에 수정란을 사용하지 않기 때문에 윤리 문제를 야기하지 않는다. 또 환자 자신의 체세포로 만들 수 있기 때문에 면역에 따른 거부 반응이 적다. 더욱이 다능성 세포이므로 복제 인간의 탄생과 같은 윤리 문제도 발생하지 않는다. 현재 iPS 세포는

야마나카 신야

재생 의료 분야에서 가장 많은 사람들의 기대를 모으고 있는 세포이다. 야마나카 신야는 iPS 세포를 만듦으로써 "동물의 분화한 세포가 다능성 줄기 세포로 초기화할 수 있음을 발견한" 공로를 인정받아 2012년도 노벨 생리의학상을 수상했다.

이처럼 iPS 세포는 꿈의 세포이다. 그렇다면 불로불사의 꿈을 맡길 수 있을 것인가? 어쩌면 인간의 몸에서 낡은 기관을 새로운 기관으로 교체해서 불로불사가 가능할지도 모른다. 그러나 문제는 뇌에 있다.

오래된 뇌를 새로운 뇌로 교체하면 다른 의식의 지배를 받는 다른 인간이 된다. 이래서는 의미가 없다. 인간이 원하는 불로불사란 몸의 무한한 연속성이 아니라 의식의 무한한 연속성이기 때문이다. 어쩌면 뇌를 부분적으로 교환한다면 의식의 연속이 가능할지도 모른다. 그러나 이 부분은 아직 상상의 영역을 벗어나지 못하고 있다.

우선은 눈앞에 있는 중요한 과제, 즉 알츠하이머병 등의 치료에 기대를 걸기로 하자.

지금까지의
연구 과정을 보면
iPS 세포가 기대받는
이유를 알겠어.

참고로 iPS란

induced
Pluripotent
Stem cells

의 약자입니다.

나가며

고대 로마의 목욕탕을 소재로 한 만화 『테르마이 로마이(テルマ
エロマエ)』로 유명한 만화가 야마자키 마리는 에세이에서 이탈리
아 시인과 사귀던 때의 일화를 소개했다. 그 시인은 생활력이 없
어서 야마자키 마리가 일을 해서 생활비를 벌었다고 한다. 그러
나 시인은 일도 하지 않으면서 근로 조건 같은 데에는 밝아서 야
마자키 마리의 근로 방식에 참견을 하고는 했다고 한다. 왜인지
한심한 인간이라는 느낌을 주어 웃음을 자아내야 하는 장면인데,
나는 묘하게 그 시인에게 친근감을 느꼈다.

확실히 성실하게 일을 하면서 노동에 대해서 의견을 제시한다
면 그것은 멋진 일이다. 다만 그렇다고 해서 일을 하지 않는 사람
은 노동에 대한 의견을 내면 안 된다고 할 수는 없다.

일을 열심히 한다고 해서 노동에 관해서 제대로 이해하고 있다
고 말할 수는 없다. 아니, 모든 것을 정확히 이해하는 사람이 있을
리 없다. 안에 있으면 알 수 없는 것을 밖에서 보면 알 수 있는 경

우도 있다. 안에 있으면 알면서도 말하지 못하는 것을 밖에 있는 사람은 말할 수 있는 경우도 있다. 따라서 입장과 상관없이 어떤 사람이든 자신의 의견을 말할 권리가 있는 것이다.

그런데 이때 한 가지 중요한 것이 있다. 그 이탈리아인 시인의 훌륭한(?) 점은 (노동은 하지 않으면서도) 노동에 관심이 있었다는 점이다. 실제로 노동을 하느냐의 여부를 떠나서 적어도 노동에 관심이 없다면 의견을 말하지 않을 것이다.

현대의 과학은 거대해졌으며 여러 분야로 세분화되었다. 그래서 다수의 분야에서 활동하기는 어려워졌다. 그러나 흥미를 가지는 것은 가능하다. 그리고 흥미가 있다면 의견을 말할 수도 있을 것이다.

나는 이런 흥미 영역을 넓히는 데에 도움이 되기를 바라는 마음에서 이 책을 쓰게 되었다. 프랑스의 조각가 오귀스트 르네 로댕(1840-1917)은 일본인 여배우 하나코를 모델로 선호했다. 간혹 하나코가 특별히 돋보이는 여인은 아니었다고 말하는 사람도 있다. 그러나 로댕은 모든 사람은 아름다움을 지녔다고 생각했다. 그것을 발견할 수 있는가 발견할 수 없는가는 보는 사람의 눈에 달린 듯하다.

분명 모든 것은 아름다움을 지니고 있다. 그리고 아름다움을 발견하면 그에 대한 흥미를 느끼게 되고, 눈에 보이는 세상이 이전보다 더 아름다워질 것이다. 분명 생물학도 (물론 다른 분야도)

아름다운 학문이다. 그리고 이 책은 생물학 책이다. 만약 이 책을 읽는 동안만이라도 (될 수 있으면 읽은 후에도) 생물학을 아름답다고 느끼고 생물학에 흥미를 가지게 되어서 여러분의 인생이 아주 조금이라도 풍요로워진다면 그보다 더한 기쁨은 없을 것이다.

마지막으로 많은 조언을 해준 다이아몬드 사의 다바타 히로부미, 귀여운 일러스트를 그려준 하샤, 그밖에도 이 책을 좋은 방향으로 이끌어준 많은 분들, 그리고 무엇보다도 이 글을 읽어주신 독자들께 깊은 감사를 드린다.

2019년 10월

사라시나 이사오

참고 문헌

山科正平.『新しい人体の教科書(上・下)』(講談社)

仲野徹.『エピジェネティクス』(岩波書店)

P・サイモンズ(訳：柴岡孝雄、西崎友一郎).『動く植物』(八坂書房)

ダニエル・M・デイヴィス(訳：久保尚子).『美しき免疫の力』(NHK出版)

ジョナサン・スラック(訳：八代嘉美).『幹細胞』(岩波書店)

本庶佑(岩波書店).『がん免疫療法とは何か』

岸本忠三、中嶋彰.『現代免疫物語』(講談社)

佐藤直樹.『細胞内共生説の謎』(東京大学出版会)

高須俊明.『酒と健康』(岩波書店)

ヤマザキマリ.『仕事にしばられない生き方』(小学館)

鈴木英治.『植物はなぜ５０００年も生きるのか』(講談社)

眞先敏弘.『酒乱になる人、ならない人』(新潮社)

ニコラス・H・バートン、デレク・E・G・ブリッグス、ジョナサン・A・アイゼン、
　　デイビッド・B・ゴールドステイン、ニパム・H・パテル(監訳：宮田隆、星山大
　　介).『進化』(メディカル・サイエンス・インターナショナル)

佐藤健.『進化には生体膜が必要だった』(裳華房)

ジェレミー・テイラー(訳：小谷野昭子).『人類の進化が病を生んだ』(河出書房新社)

永田和宏.『生命の内と外』(新潮社)

八代嘉美.『増補　iPS細胞』(平凡社)

井上勲.『藻類30億年の自然史』(東海大学出版会)

スティーヴン・ジェイ・グールド(訳：渡辺政隆).『ダ・ヴィンチの二枚貝(上・下)』(早
　　川書房)

藤子・F・不二雄.『藤子・F・不二雄大全集　少年SF短編2』(小学館)

岸本忠三、中嶋彰.『免疫が挑むがんと難病』(講談社)

宮坂昌之、定岡恵.『免疫と「病」の科学』(講談社)

黒木登志夫.『iPS細胞』(中央公論新社)

塚﨑朝子.『iPS細胞はいつ患者に届くのか』(岩波書店)

옮긴이 후기

3월이면 중학생이 되는 딸아이가 요즘 새 사랑에 빠져 있다. 새를 보러 가야겠다고 잡아끄는 통에 오래된 **DSLR** 카메라를 들고 아파트 단지를 한 바퀴 돌았다. 추운 겨울, 아파트 옆 공터에 까치 떼만이 오갔다. 그래도 딸아이는 연신 카메라 셔터를 누르며 이리 찍고 저리 찍고 신이 났다. 웅크리고 앉아서 까치 떼를 보고 있는 고양이도 카메라에 담았다. 운 좋게 우리 아파트 동으로 돌아오는 길에는 관목에 내려앉은 직박구리와 참새 무리를 발견하여 아이가 원하던 사진도 여러 장 건졌다. 수확이 좋았다.

새를 찾으러 다니며 딸아이와 여러 이야기를 나누었다. 까치와 고양이 이야기를 할 때에는 일정 종의 개체 수가 증가하는 이유는 바로 위 단계의 천적이 그만큼 줄었기 때문이라며 먹이사슬에 관한 의견도 나누었다. 딸아이는 어려서는 공룡을 좋아했고 지금도 나비와 파충류에 관심이 많다. 얼마 전에는 뱀을 키우고 싶다고 졸라대는 통에 애를 먹기도 했다. 현재 딸아이의 장래 희망은 일러스트레이터이다. 아마 예상과는 거리가 있을 것이다.

그러나 아무리 거대해져도 과학은 하나이다. 물리학, 화학, 생물학, 지구과학 등으로 나누기도 하지만 그것은 어디까지나 편의에 따른 구분일 뿐이다. 과학 자체가 이러저러한 분야로 나뉘어 있지는 않다. 생물학에서 다루는 현상은 물리적 혹은 화학적 구조로 되어 있기 때문에 그 현상을 이해하기 위해서는 지구과학을 이해해야 한다. 각각의 분야가 밀접하게 연결되어 있다고 할까? 원래 나눌 수 없는 하나를 나뉘어 있다고 간주하는 것뿐이다. (8쪽)

저사의 말처럼 물리라거나 생물이라거나 혹은 문과라거나 이과라는 구분은 인간의 편의에 따라서 나누어놓은 것에 불과하다. 게다가 우리 인간이 자연의 일부인 이상 생물학은 다른 어떤 학문보다 우리와 더 가까울 수밖에 없다. 그리고 통섭의 시각이 필요한 현대인에게 이 책은 저자의 바람처럼 삶을 더욱 풍요롭게 할 것이다. 팬데믹의 정점(?)에 와 있는 지금 우리 인류가 생물과 자연을 이해할 필요성은 더욱 커졌다. 오랜 진화 과정과 세포 단계에서부터 인류를 이해하는 독서의 여정은 안개 속을 걷고 있는 한 사람 한 사람에게 작은 나침반이 되어줄 것이라고 생각한다. 특히 바이러스와 세균, 면역 체계와 관련된 내용은 무척 흥미롭고 재미있는 부분일 것이다.

확실히 몸의 구조를 생각하면 우리는 세균보다 복잡한 생물이다. 그러나 우리 인간도 세균도 생명이 탄생한 지 약 40억 년이라는 같은 시간 동안 진화해온 생물이다. 어느 쪽이 진화했다든지, 어느 쪽이 고등하다든지 하는 것은 단정할 수 없다. (108쪽)

저자 사라시나 이사오는 『잔혹한 진화론』, 『절멸의 인류사』 등으로 국내에 알려진 분자고생물학자이자 뼈 전문가이다. 그는 인류가 당연하게 여겨온 인류 스스로의 우월 사고에 대해서 "진화"와 "진보"의 개념을 들어 의문을 제시한다.

"어떤 조건에서 우수하다"는 것은 "다른 조건에서는 열등하다"는 것이다. 따라서 모든 조건에서 뛰어난 생물은 이론적으로 있을 수 없다. 그리고 모든 조건에서 뛰어난 생물이 없는 이상 진화는 진보라고 할 수 없다. 생물은 그때그때 환경에 적응하도록 진화할 뿐이다. (206쪽)

한편 이 책에서 다루는 생물학은 단순한 학문으로서의 흥미와 관심을 충족하는 데에 그치지 않고 현재의 우리 자신을, 그리고 우리를 둘러싼 환경을 보다 객관적이고 구체적으로 파악하는 데에 도움이 될 것이다. 옮긴이 스스로도 얼마나 편견과 고정 관념으로 꽉 차 있었는가를 반성하는 계기가 되었다. 인문학을 전공한 옮긴이가 처음 번역 작업에 들어갈 때에는 내용이 어려울 것이라고 속단했다. 그런데 생소하고 깊이 있는 내용이므로 어려워야 할 텐데, 그래야 하는데 정말은 그렇지가 않았다. 전문적인 내용을 자세하고 이해하기 쉽게 설명하고 있어서 학문적으로 접근한 내용까지 큰 어려움 없이 작업할 수 있었다. 저자가 얼마나 독자들을 배려하고 생물학에 애정을 가지고 있는지를 충분히 느낄 수 있었다. 책이 출간되면 딸아이와 함께 찬찬히 읽으며 인간에 대해서, 자연과 생물에 대해서 생각하고 이야기하는 시간을 가져보고자 한다.

2021년 1월

이진원

찾아보기